延庆土壤管理与作物施肥图册

孙　超　贾小红　主编

延庆区

中国农业科学技术出版社

图书在版编目（CIP）数据

延庆土壤管理与作物施肥图册 / 孙超，贾小红主编 . — 北京：中国农业科学技术出版社，2016.7
ISBN 978-7-5116-2656-1

Ⅰ . ①延… Ⅱ . ①孙… ②贾… Ⅲ . ①土壤管理－延庆区－图集②作物－施肥－延庆区－图集 Ⅳ . ① S156-64 ② S147.2-64

中国版本图书馆 CIP 数据核字 (2016) 第 152773 号

责任编辑 徐 毅 张志花
责任校对 马广洋

出 版 者 中国农业科学技术出版社
北京市中关村南大街 12 号 邮编：100081
电 话 （010）82106636（编辑室）
（010）82109702（发行部）
（010）82109709（读者服务部）
传 真 （010）82106631
网 址 http：//www.castp.cn
经 销 者 各地新华书店
印 刷 者 北京卡乐富印刷有限公司
开 本 787mm × 1 092mm 1/16
印 张 6
字 数 125 千字
版 次 2016 年 7 月第 1 版 2016 年 7 月第 1 次印刷
定 价 35.00 元

编　委　会

目录

一、地理位置

北京市延庆区位于东经 115° 44′ ~116° 34′，北纬 40° 16′~40° 47′，东邻北京怀柔区，南接北京昌平区，西与河北省怀来区接壤，北与河北省赤城县相邻，区城距北京德胜门 74 km，是一个北东南三面环山，西临官厅水库的小盆地，即延怀盆地，总面积约 2 000 km^2。延庆区位于北京市的西北角，其在京津冀的地理位置见图 1。

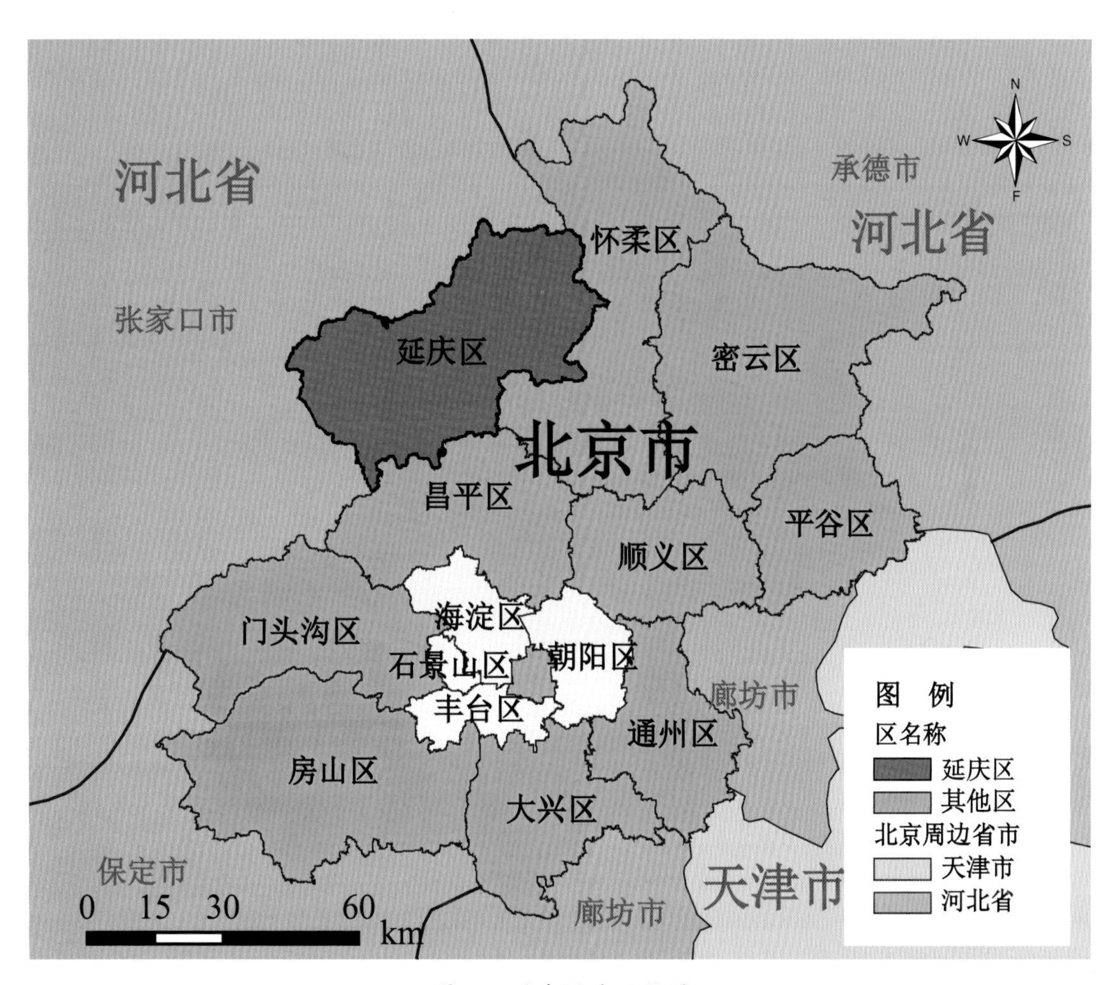

图 1 延庆区地理位置

二、地形地貌

延庆区地处北京市西北部，三面环山一面临水，生态环境优良，是首都西北重要的生态屏障。平均海拔 500 m 以上，境内海坨山海拔 2 233.2 m，是北京市第二高峰，“海坨戴雪”成为北京的一大奇观。延庆气候独特，冬冷夏凉，有着北京“夏都”之美誉，同时也是北京反季节蔬菜的重要生产基地。延庆区高程图见图 2。

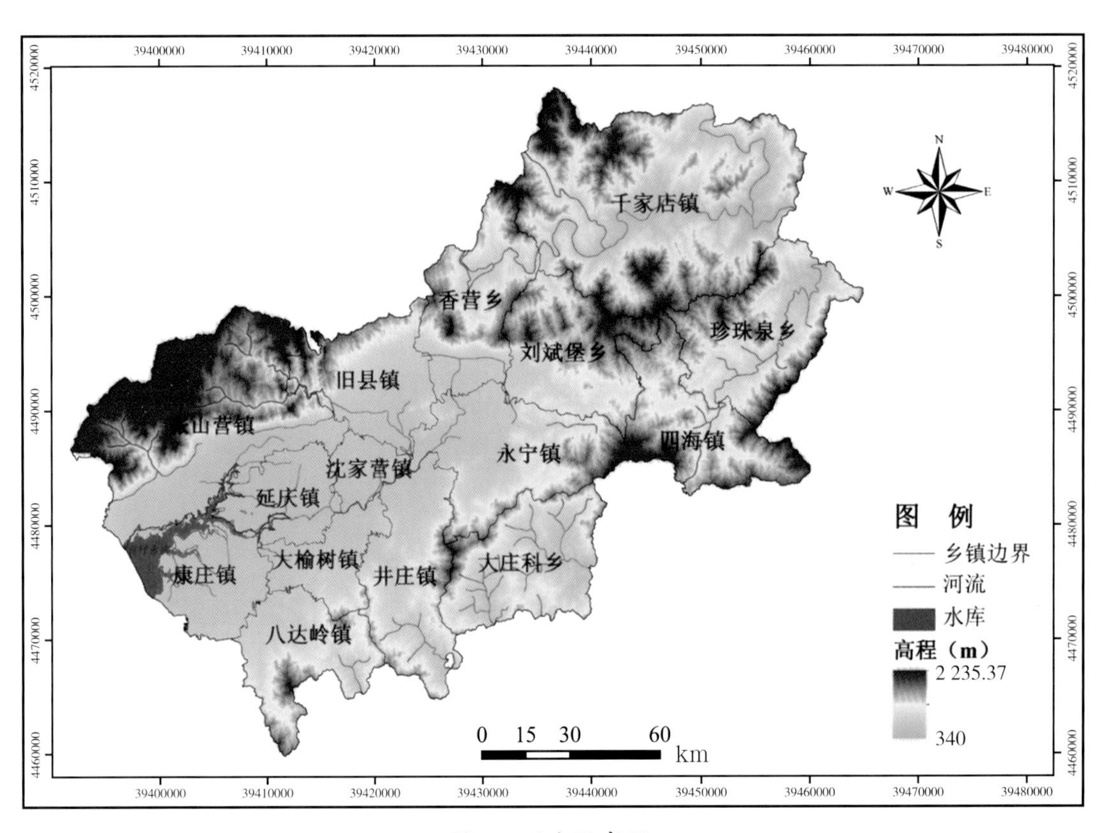

图 2　延庆区高程

三、水资源现状

延庆区属海河流域，从北到南分布着潮白河、永定河、北运河三大水系。流经本区境内的白河、黑河、妫水河等Ⅳ级以上河流共 18 条。其中Ⅲ级河 2 条，Ⅳ级河 16 条。过境河流有白河、黑河 2 条，其余 16 条发源于本区境内，这些河流是地表水的主要来源。白河是北部山区的主要过境河流，区境内河道长度 55 km，境内流域面积 828.1 km^2，较大支流有黑河、红旗甸河、菜食河。妫水河发源于境内东部山区，流域面积 1 073.64 km^2，由东向西流入官厅水库，主要支流有古城河、佛峪口河、三里河、蔡家河。延庆区水系分布见图 3。

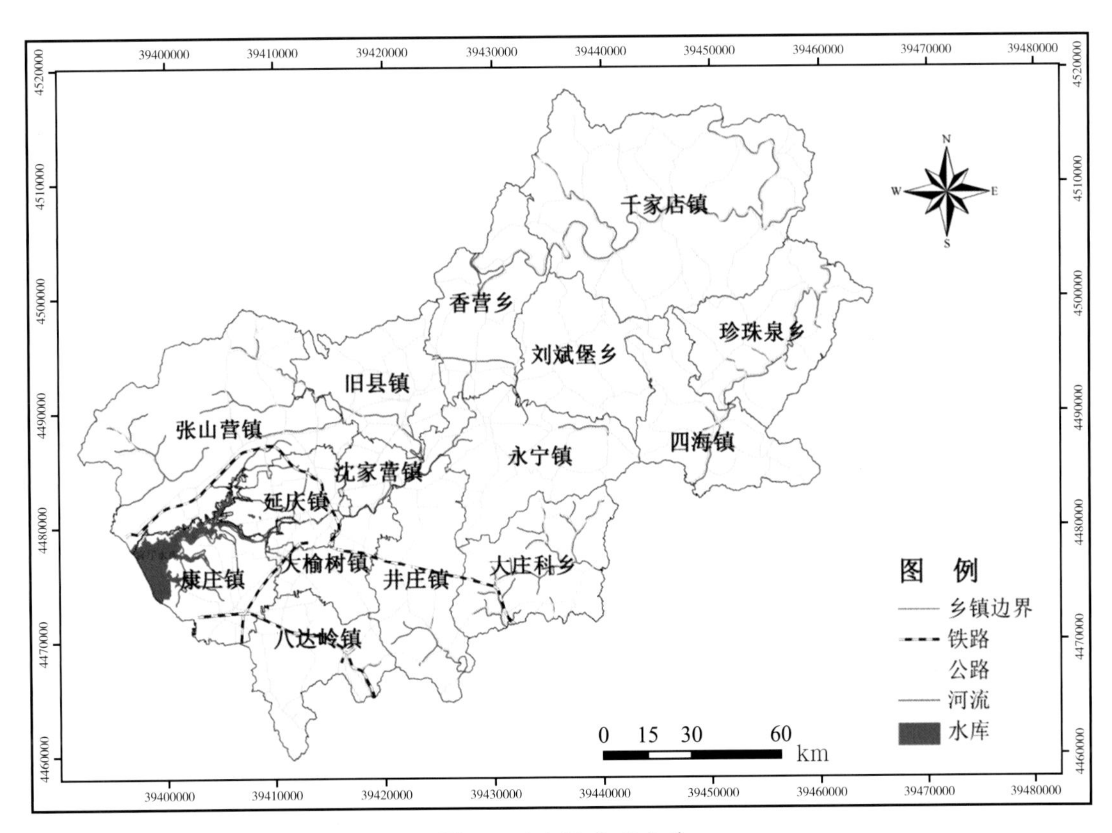

图 3　延庆区交通水系

四、农用地利用现状

延庆区农业用地面积 28 333.6 hm^2，其中水浇地面积 10 460.1 hm^2，旱地面积 266 571.6 hm^2，粮食作物面积 14 448.9 hm^2，经济作物面积 166.3 hm^2，蔬菜面积 1 046.6 hm^2，果园面积 3 956.1 hm^2。延庆区农用地分布见图 4。春玉米是延庆区主要粮食作物，马铃薯种植面积较大，葡萄也有较大种植面积。

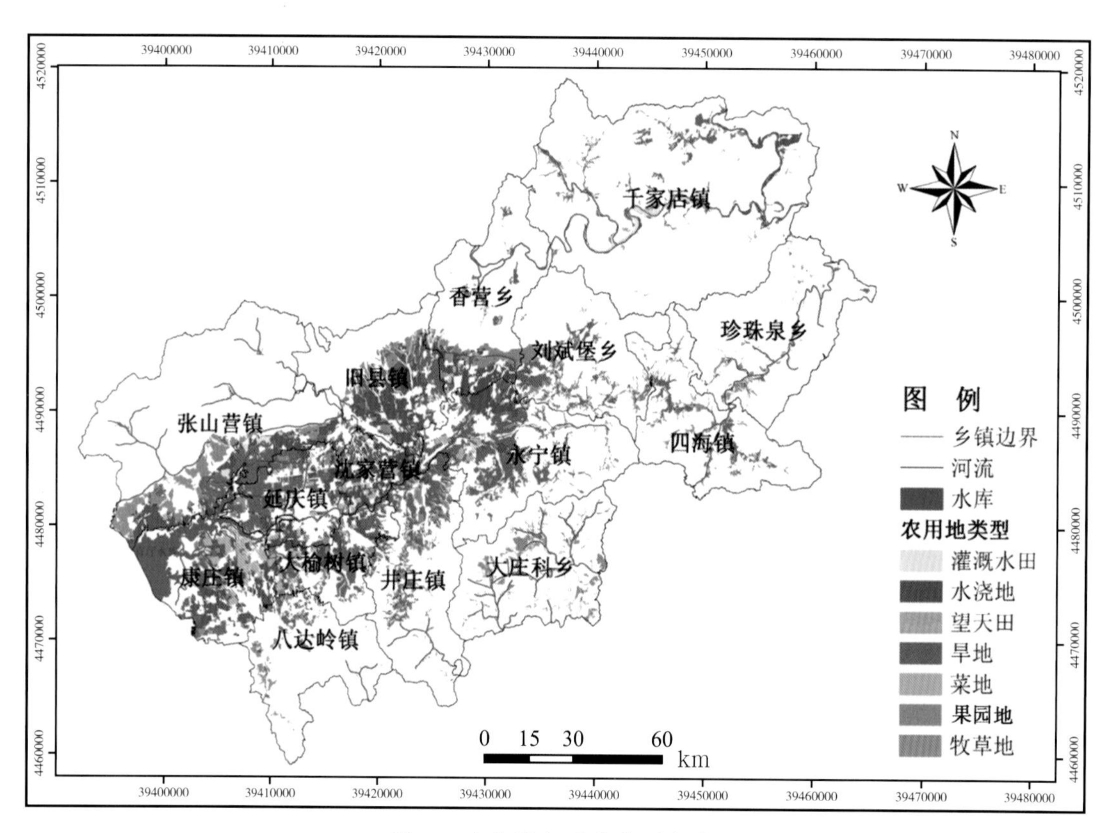

图 4 延庆区农用地类型分布

五、土壤类型

延庆区的土壤类型按土类分为5个，分别为褐土、棕壤、潮土、水稻土和山地草甸土，面积最大土类是褐土和棕壤（表1）。各土类具体分布见图5。

表1　延庆区土类面积和占全区的耕地面积表

土类	面积（hm^2）	占全区土壤面积（%）
褐土	142 892	71.67
棕壤	39 994	20.06
潮土	11 484	5.76
水稻土	2 432	1.22
山地草甸土	538	0.27

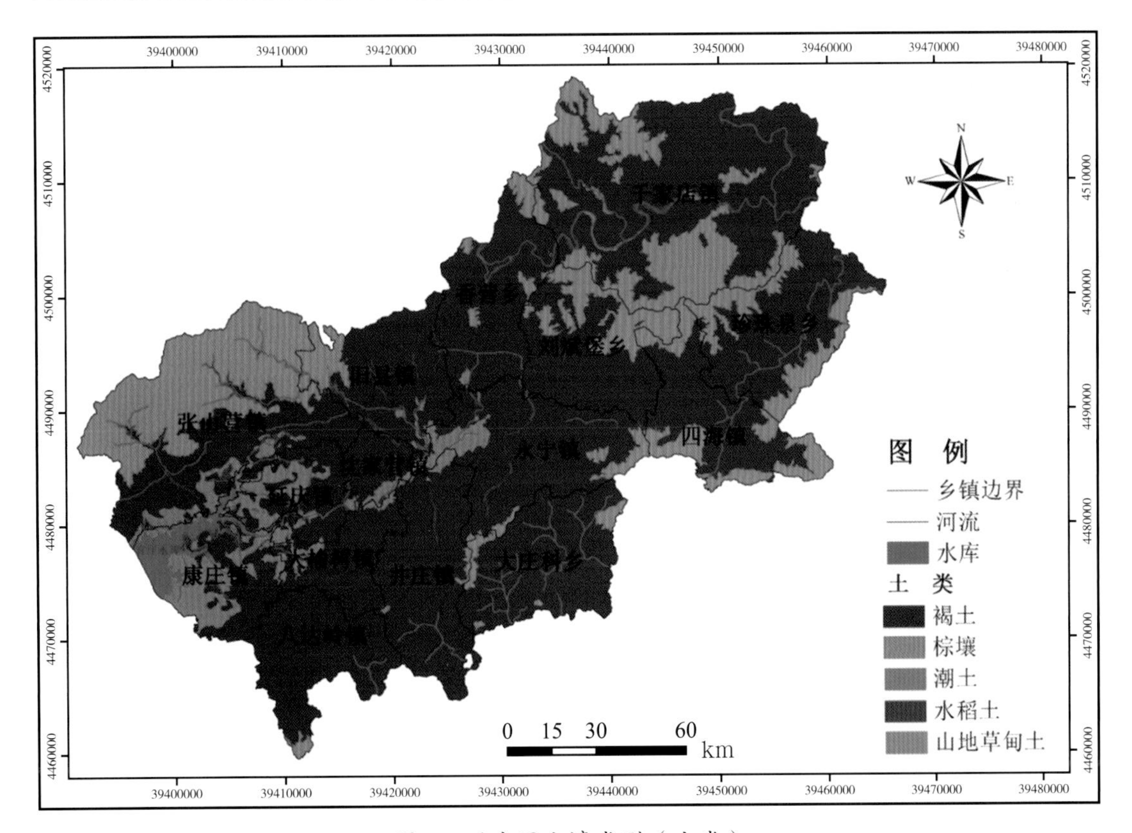

图5　延庆区土壤类型（土类）

延庆区土壤亚类有16个，主要以淋溶褐土为主，约占土壤总面积的41.63%，主要分布于延庆区北部、东部和南部地区；其次为棕壤，面积约占19.90%，主要分布于西北部等地区，是海拔较高地区的土壤类型，各亚类土壤理化性状见后面叙述。各亚类土壤分布见图6。

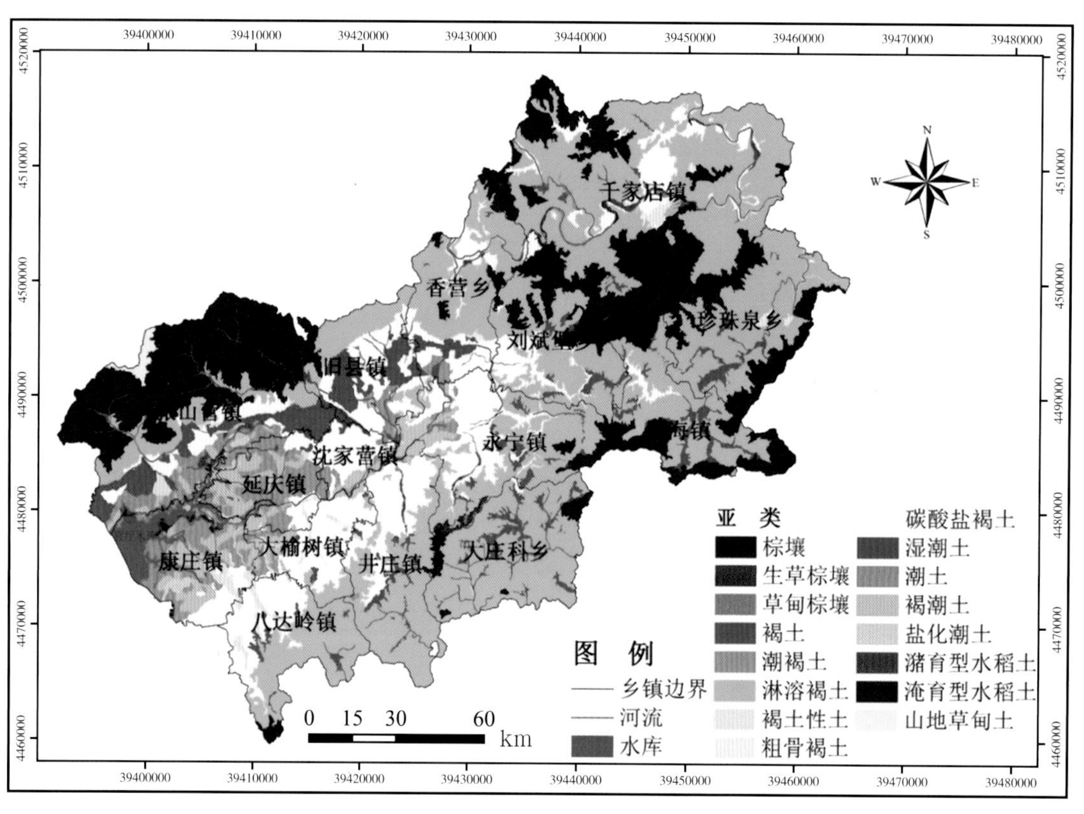

图6 延庆区土壤类型（亚类）

（一）淋溶褐土（亚类）

延庆区淋溶褐土面积 82 999.78 hm^2，占全区土壤总面积的 41.63%。主要分布在东部山区，大庄科乡、永宁镇、井庄镇南部、八达岭镇南部、张山营镇南部（图 7）。淋溶褐土主要特征是全剖面没有 $CaCO_3$ 出现，土壤中矿物风化的脱钙作用比较快或在 C 层有少量石灰残余。延庆区淋溶褐土的有机质、全氮、碱解氮、有效磷、速效钾、缓效钾、有效硫、有效铁、有效锰、有效铜、有效锌、有效硼平均含量分别为 18.6 g/kg、1.11 g/kg、72.2 mg/kg、22.6 mg/kg、179.5 mg/kg、840.3 mg/kg、8.6 mg/kg、8.5 mg/kg、7.1 mg/kg、1.3 mg/kg、0.9 mg/kg、1.7mg/kg。

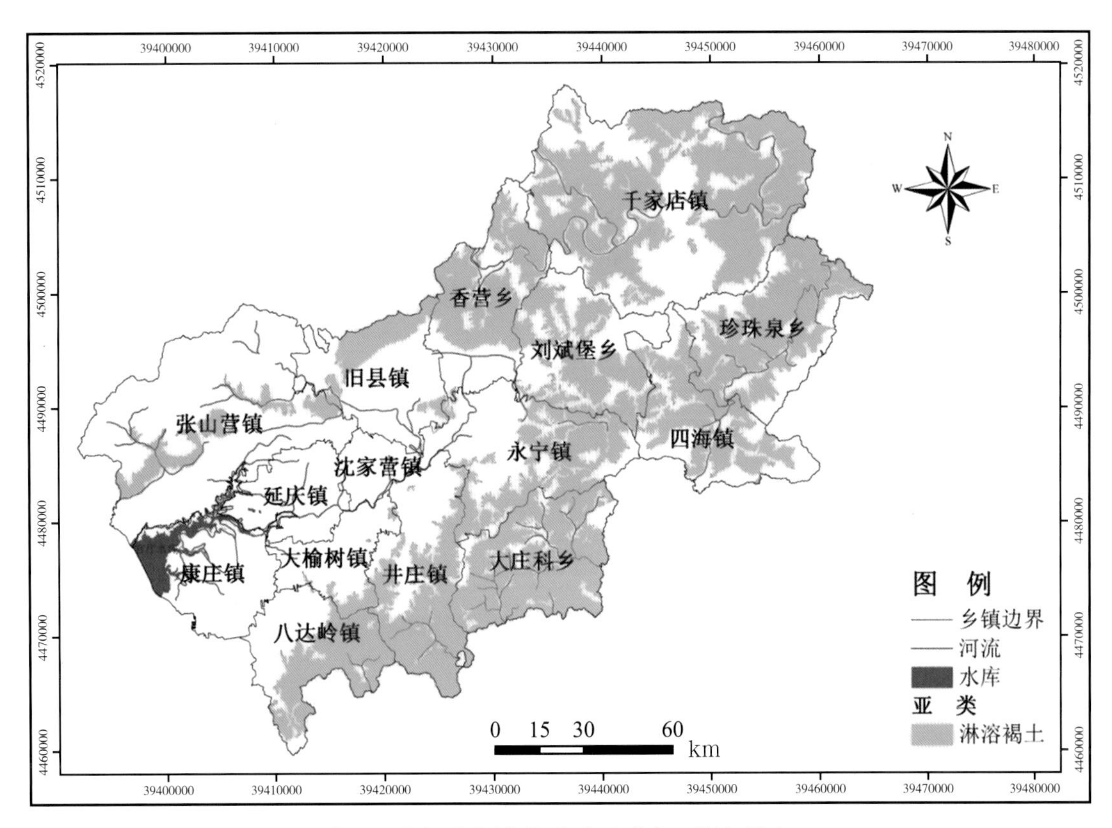

图 7 延庆区土壤类型（亚类）（淋溶褐土）

（二）碳酸盐褐土（亚类）

延庆区碳酸盐褐土面积 35 169.74 hm^2，占全区土壤总面积的 17.64%。主要分布在川区平原，延庆镇、沈家营镇、大榆树镇、康庄镇、刘斌堡乡西部、永宁镇西部、井庄镇北部、八达岭镇北部（图 8）。碳酸盐褐土的 $CaCO_3$ 在全剖面均有分布，pH 值近弱碱性，一般在 7.8~8.5。延庆区碳酸盐褐土的有机质、全氮、碱解氮、有效磷、速效钾、缓效钾、有效硫、有效铁、有效锰、有效铜、有效锌、有效硼平均含量分别为 16.3 g/kg、0.93 g/kg、60.4 mg/kg、19.6 mg/kg、146.2 mg/kg、735.0 mg/kg、7.8 mg/kg、4.0 mg/kg、4.6 mg/kg、0.8 mg/kg、0.6 mg/kg、2.1 mg/kg。

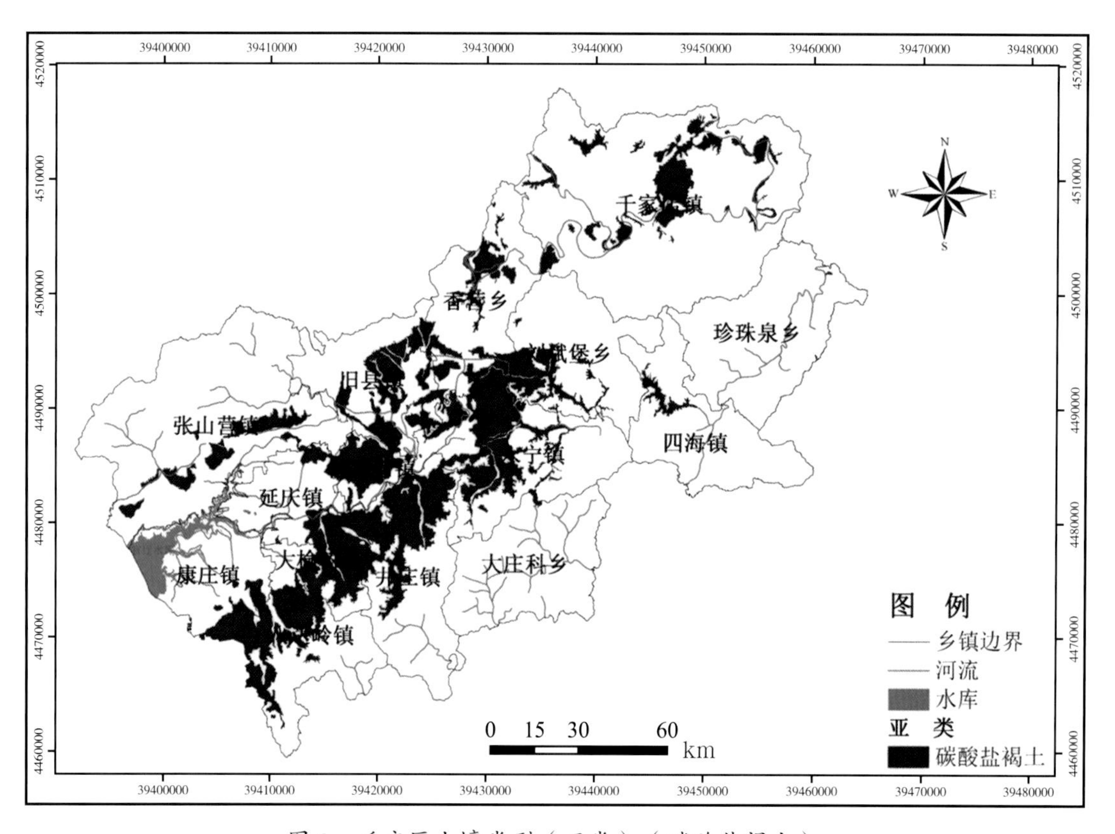

图 8 延庆区土壤类型（亚类）（碳酸盐褐土）

（三）褐土（亚类）

延庆区褐土（亚类）面积 13 338.18 hm^2，占全区土壤总面积的 6.69%。主要分布在张山营镇南部，旧县镇南部（图 9）。延庆区褐土（亚类）的有机质、全氮、碱解氮、有效磷、速效钾、缓效钾、有效硫、有效铁、有效锰、有效铜、有效锌、有效硼平均含量分别为 17.0 g/kg、1.07 g/kg、65.9 mg/kg、21.4 mg/kg、147.2 mg/kg、773.3 mg/kg、9.3 mg/kg、5.5 mg/kg、5.4 mg/kg、0.9 mg/kg、0.7 mg/kg、4.4 mg/kg。

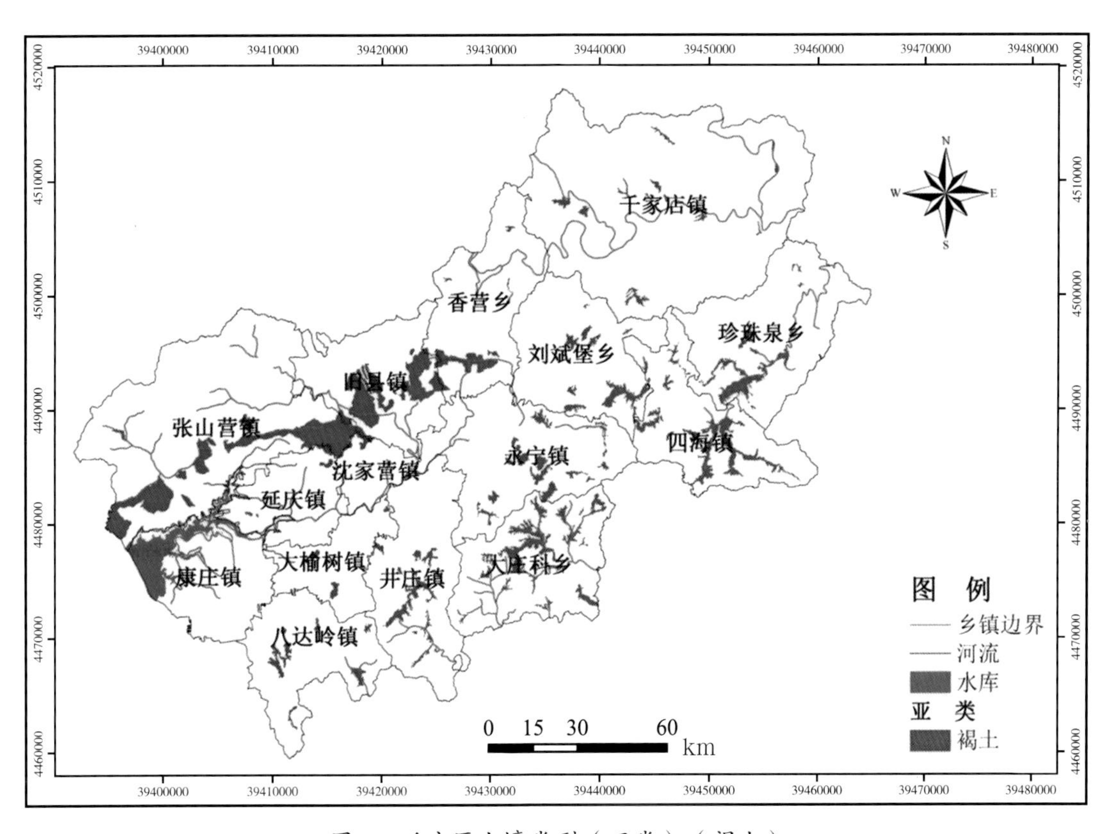

图 9 延庆区土壤类型（亚类）（褐土）

（四）棕壤（亚类）

延庆区棕壤（亚类）面积 39 675.61 hm^2，占全区土壤总面积的 19.9%。主要分布在张山营镇北部，刘斌堡乡东部，四海镇、珍珠泉乡等（图 10）。延庆区棕壤（亚类）的有机质、全氮、碱解氮、有效磷、速效钾、缓效钾、有效硫、有效铁、有效锰、有效铜、有效锌、有效硼平均含量分别为 17.9 g/kg、1.14 g/kg、63.5 mg/kg、22.3 mg/kg、183.5 mg/kg、847.6 mg/kg、8.6 mg/kg、9.4 mg/kg、8.3 mg/kg、1.5 mg/kg、1.0 mg/kg、1.9 mg/kg。

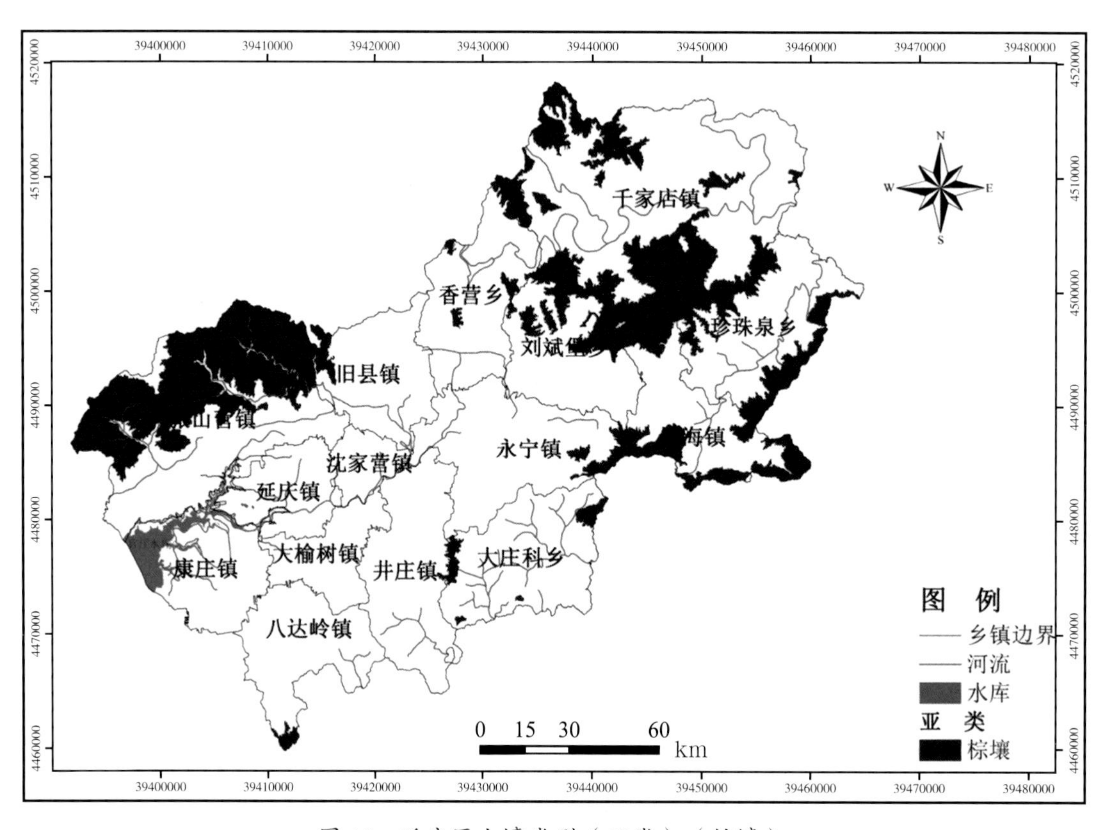

图 10 延庆区土壤类型（亚类）（棕壤）

（五）其他类型土壤（亚类）

除以上 4 种主要土壤类型外，延庆区还有多种其他类型土壤，但所占比例较小。主要包括潮土的亚类、水稻土的亚类和山地草甸土的亚类等，其他亚类土壤具体见图 11。延庆区独特的地形地貌决定了它的土壤类型，土壤亚类分布与本市平原区有较大的差别，平原区潮土面积大，棕壤很少。

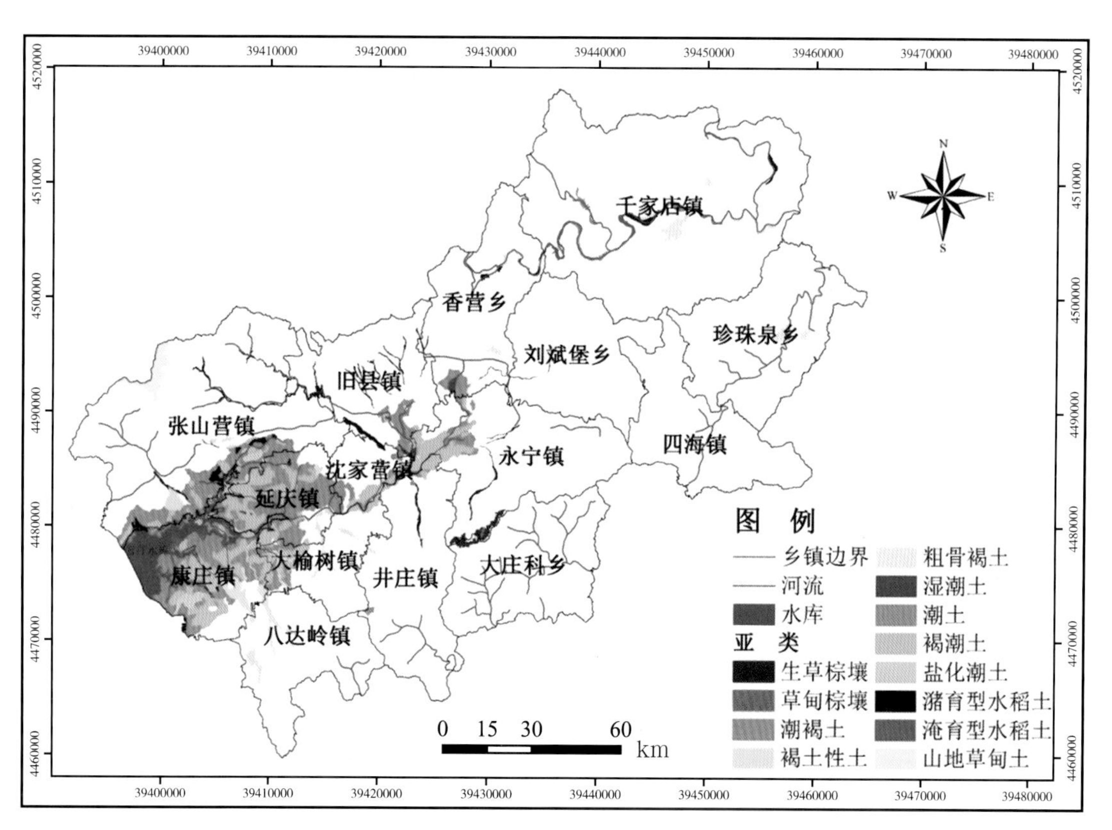

图 11 延庆区土壤类型（亚类）（其他类型）

六、土壤质地构型与耕层土壤质地

（一）土壤质地构型

依据土壤调查数据，结合质地构型对耕地地力的影响程度，将延庆区土壤质地构型划分为 5 个等级，每等级中所含类型见表 2。1 级为最好，5 级最差。质地构型处于 1 级耕地占 76.12%，2 级占约为 0.19%，3 级占 15.34%，4 级占 5.26%，5 级占为 3.09%。各种土壤质地构型分布见图 12。

表 2 延庆区土壤质地构型指标分级

等级	土壤质地构型
1 级	黏身轻壤、黏底轻壤、均质中壤、夹黏中壤、黏身中壤、黏底中壤、均质重壤、夹壤重壤、壤身重壤、壤底重壤、均质轻壤
2 级	夹砂重壤、砂身重壤、砂底重壤、夹砂黏土、夹壤黏土、砂身黏土、壤身黏土、砂底黏土、壤底黏土
3 级	夹砂轻壤、夹黏轻壤、砂身轻壤、砂底轻壤、夹砂中壤、砂身中壤、砂底中壤
4 级	均质砂壤、夹壤砂壤、夹黏砂壤、壤身砂壤、黏身砂壤、壤底砂壤、黏底砂壤、均质黏土
5 级	夹壤砂土、壤身砂土、壤底砂土、夹黏砂土、黏身砂土、黏底砂土、均质砂土、均质砾土

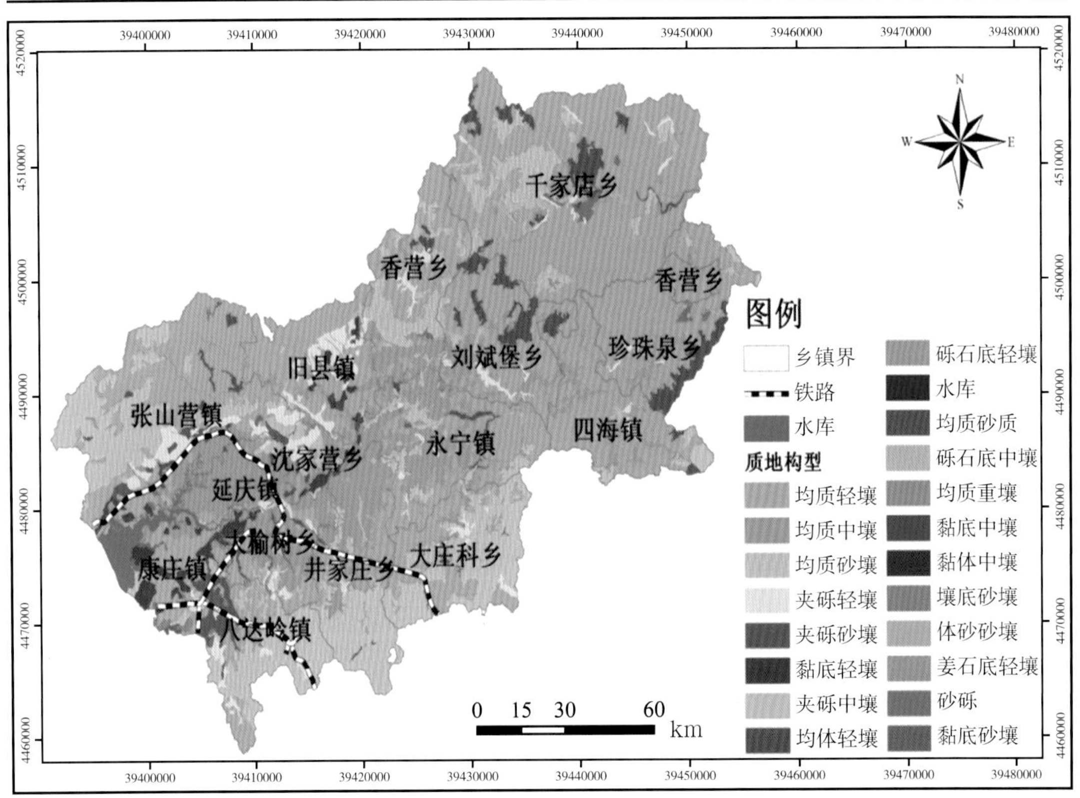

图 12 延庆区土壤质地构型分布

（二）耕层土壤质地

延庆区耕层土壤以轻壤质和砂壤质为主，轻壤质占到全区土壤面积的 59.58%，其次为砂壤质占 21.43%，中壤质占 17.23%。其中轻壤质在全区各处都有分布，砂壤质呈零星状分布于轻壤质中，比较集中的地区是本区的西北部和南部地区。各质地土壤具体分布见图 13。

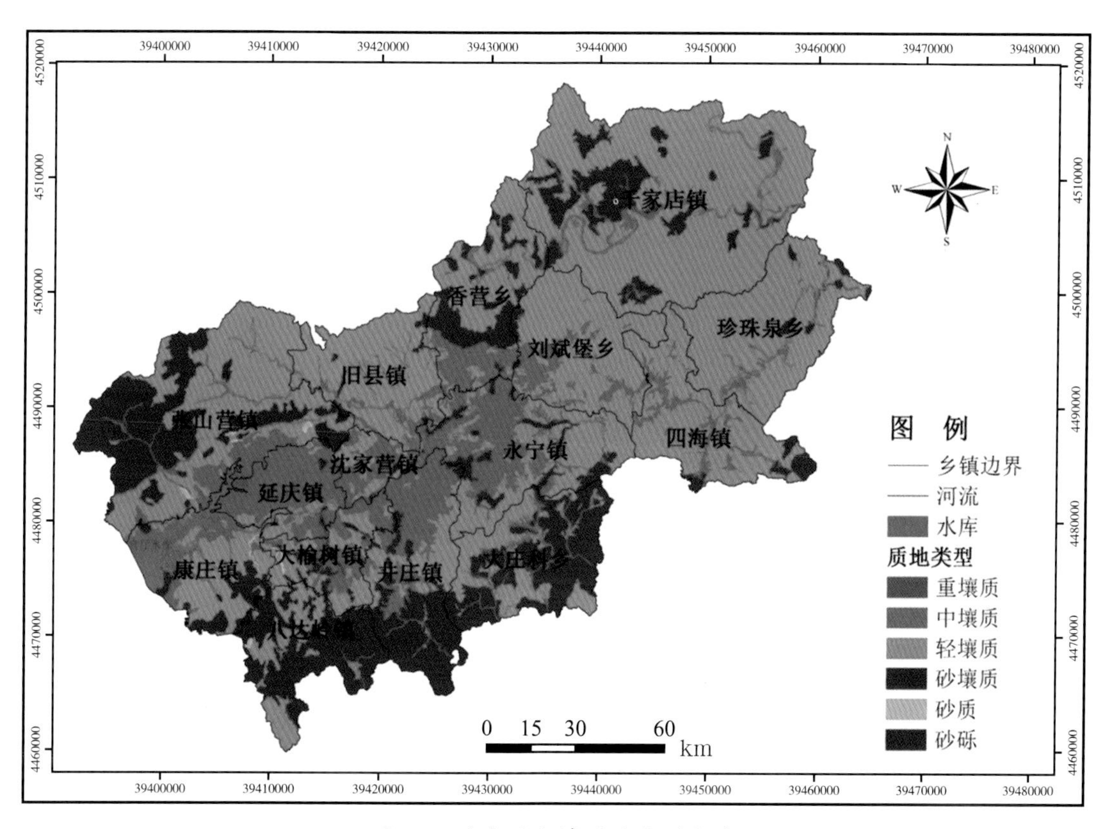

图 13 延庆区土壤质地类型分布

（三）轻壤质土壤

轻壤质土壤是农业生产较好的土壤，土壤质地适中、通气性好，供肥能力强，肥力中等，保水保肥性能较好。延庆区的轻壤质土壤占全区耕地总面积的59.58%，分布见图14。在改良利用上应注意培肥土壤，增施有机肥，合理使用化肥，调节氮、磷等养分的比例，精耕细作，加强排灌设施，扩大水浇地面积。适宜种植玉米、蔬菜、果树等，宜种范围广，一般耕作管理措施下仍可获较高产量。

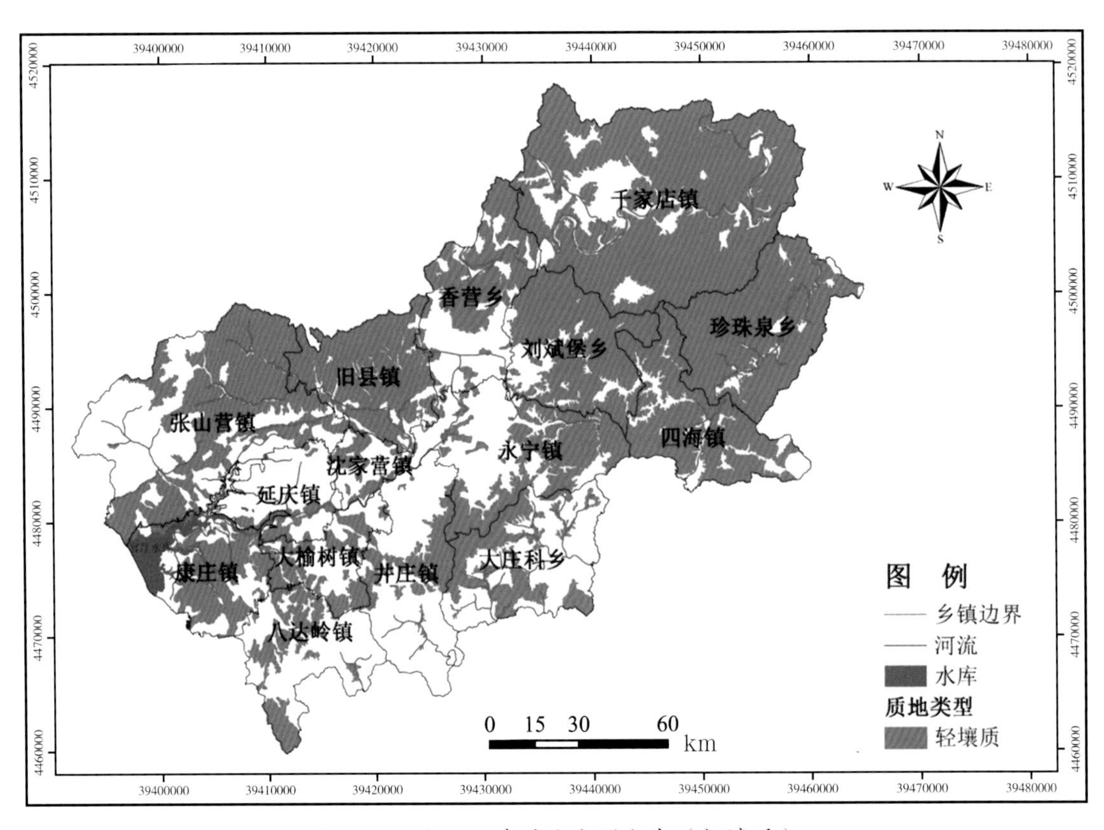

图14 延庆区土壤质地类型分布（轻壤质）

（四）中壤质土壤

中壤质土壤是农业生产比较理想的土壤类型，土壤质地适中、通气性好，大小空隙比例协调，水肥气热循环调节能力较强，干湿易耕，宜耕期长，长期耕种容易产生犁底层，应适当进行耕层的深松作业，为作物高产创建有利条件。延庆区中壤质土壤占全区耕地总面积的17.23%，分布见图15。改良上应注意培肥土壤，增施有机肥，合理施用化肥，调节氮、磷等养分的比例，精耕细作，加强灌排设施。总体来说，作物宜种范围广，一般耕作管理下可获较高产量。

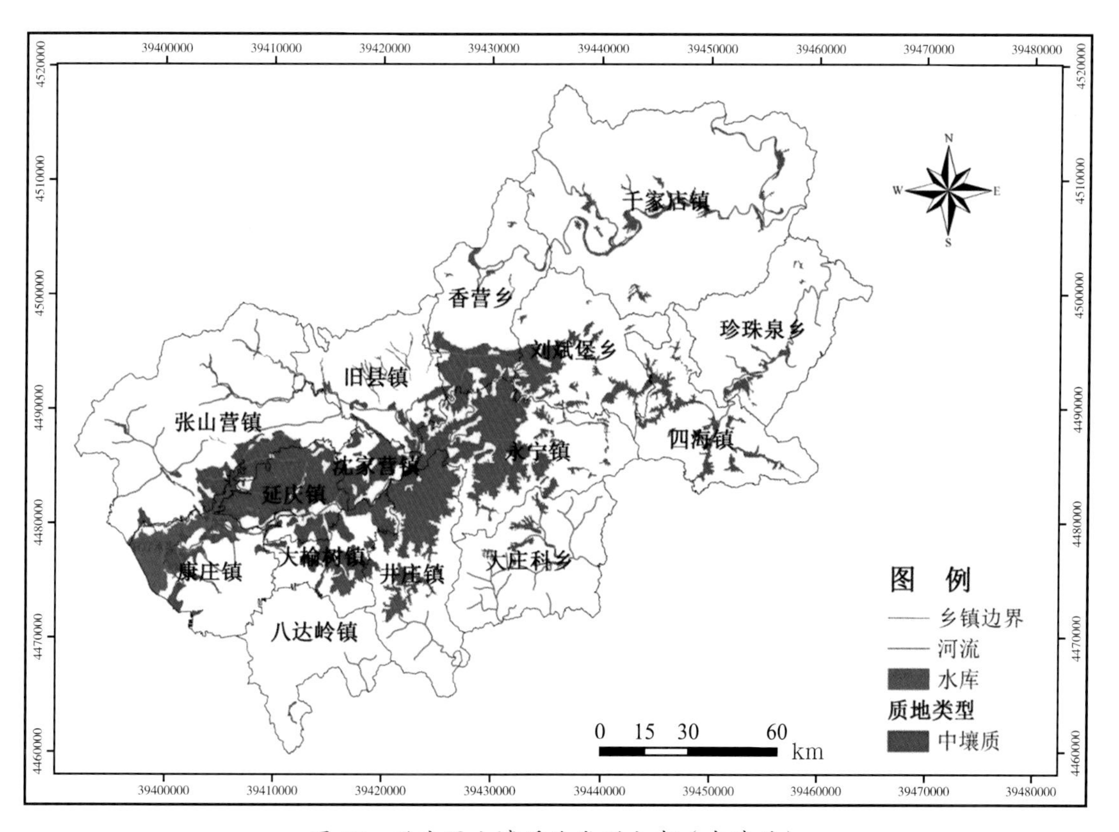

图15 延庆区土壤质地类型分布（中壤质）

（五）砂壤质土壤

砂壤质土对农业生产来说是一般的土壤，土壤质地适中，通透性好，春季升温快，稳温性好，土壤供肥性能、肥力和保水保肥性能一般，施肥后养分供应及时、平稳。干湿易耕，耕后无坷垃，宜耕期长。延庆区砂壤质土壤占全区耕地总面积的 21.43%，分布见图 16。在改良利用上应注意培肥土壤，增施有机肥，合理使用化肥，调节氮、磷等养分的比例，精耕细作，加强排灌设施，扩大水浇地面积。

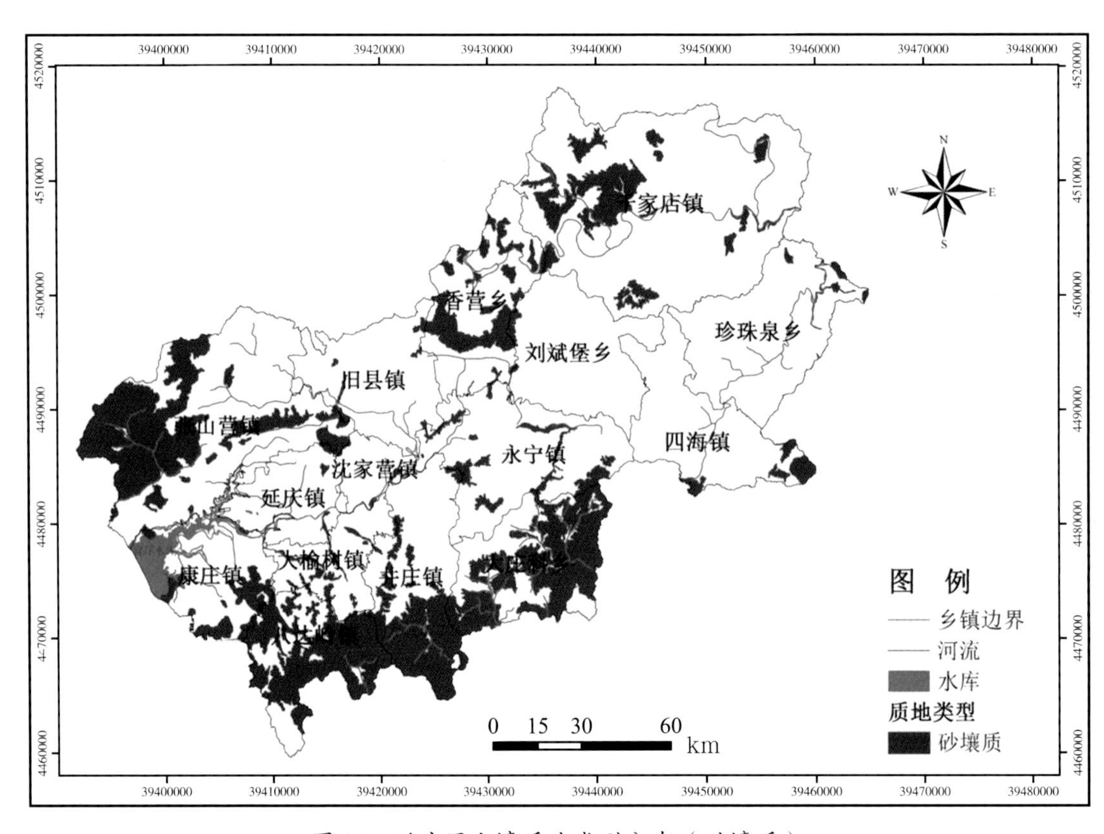

图 16 延庆区土壤质地类型分布（砂壤质）

（六）其他类型土壤质地

延庆区土壤质地还包括重壤质、砂质和砂砾等类型，在延庆区有零星分布，其中重壤质约占耕地总面积的0.24%；砂质约占0.17%，砂砾约占0.31%，具体见图17。这些土壤质地较差，要重视这类土壤的改良与培肥，多施用有机肥，合理使用化肥。秸秆还田是这类土壤改良培肥的一项重要技术措施，应在农业生产中大力推广应用。

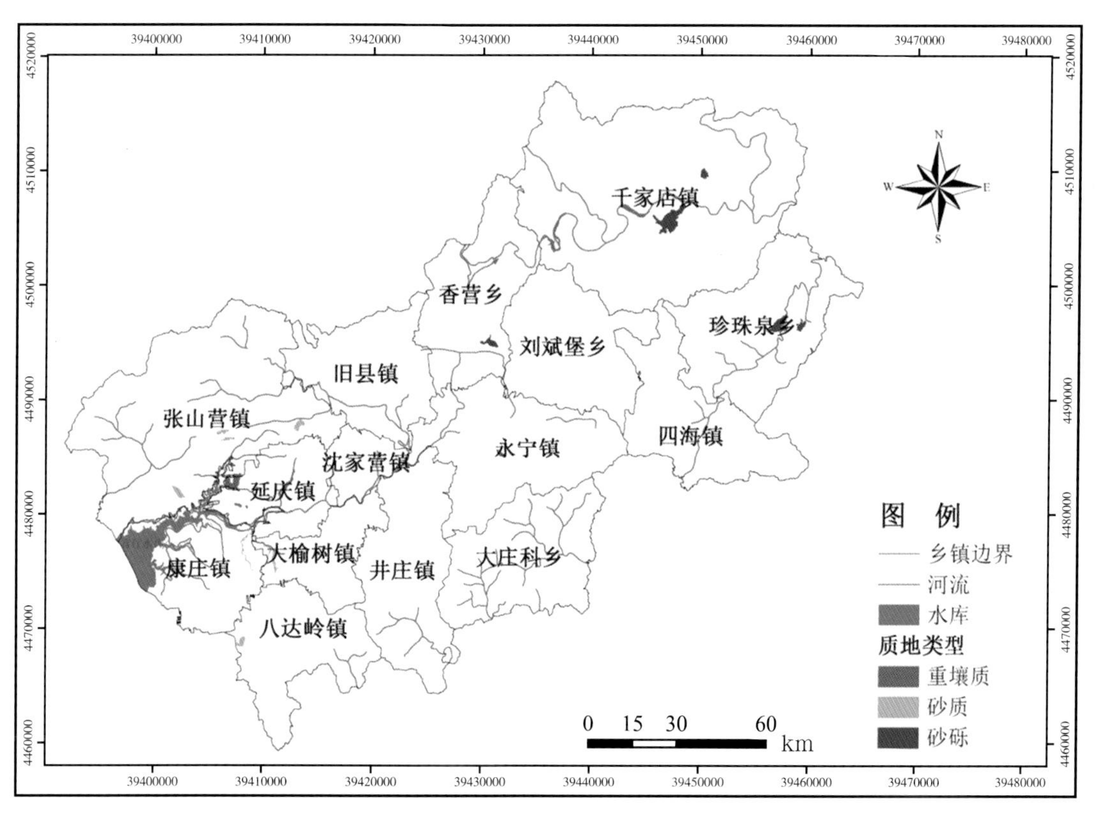

图17　延庆区土壤质地类型分布（其他类型）

七、地力评价

近些年来，延庆区实施测土配方施肥和耕地地力评价项目，实施总面积为42万亩（1亩≈667 m^2），延庆区共取土样4 073个（采样点分布见图18），化验38 424项次，涉及内容广泛，包括耕地土壤的常规养分和中微量元素。基本摸清了全区土壤养分状况，同时建立了延庆区土壤资源管理信息系统，将延庆区土壤的大量数据和图册实现了信息化，方便查询和利用，为政府决策和指导农户科学合理施肥提供了依据，延庆区土肥信息网，方便了农户上网查询土壤分布、土壤肥力，作物的推荐施肥等信息。

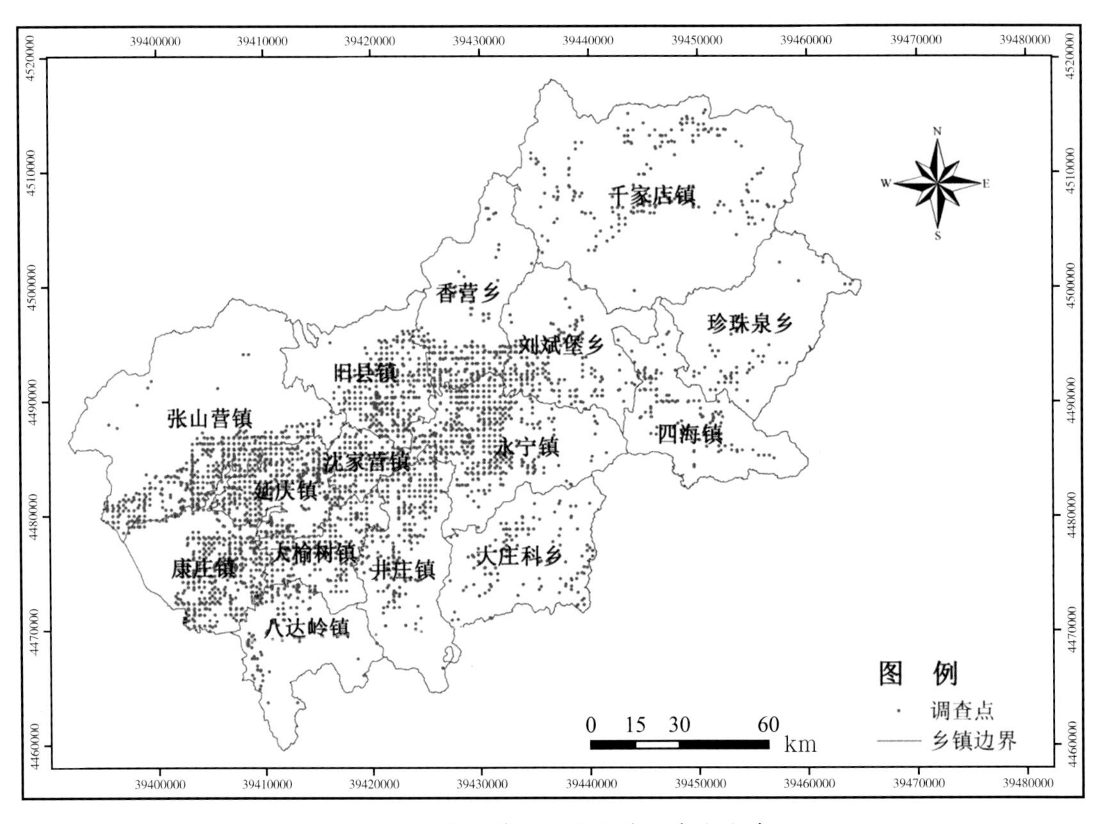

图18 延庆区耕地地力评价调查点分布

（一）总体地力

综合考虑耕地的灌溉条件、立地条件、土壤类型、土壤理化性状，土壤肥力等因素，延庆区地力等级分为 5 级，1 级地 5 858.86 hm^2，占 14.86%；2 级地 4 793.92 hm^2，占 12.16%；3 级地 13 724.86 hm^2，占 34.82%；4 级地 5 922.82 hm^2，占 15.03%；5 级地 9 115.85 hm^2，占 23.12%。其中 1、2 级地为高产田土壤，面积共 10 652.78 hm^2，占 27.03%。3、4 级地为中产田土壤，面积共 19 647.68 hm^2，占 49.85%，5 级地为低产田土壤，面积 9 115.85 hm^2，占 23.13%。各等级土壤分布见图 19。

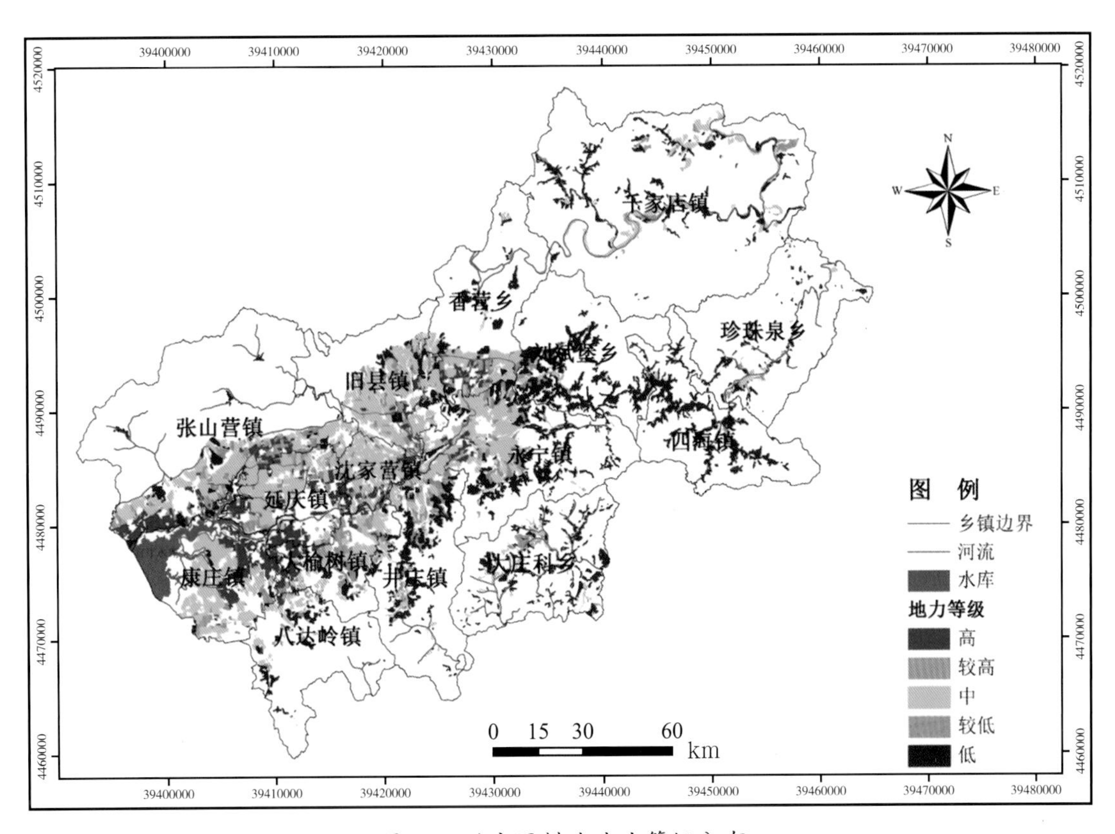

图 19 延庆区耕地地力等级分布

（二）土壤有机质含量

延庆区耕地土壤有机质含量处于中等偏上水平，各等级面积所占的比例如图20所示。有机质含量高、较高、中和较低的面积分别为0.49%、11.17%、64.82%和23.52%，中等含量水平的主要分布于中部和西部地区。土壤有机质含量是表征土壤肥力水平的一个重要指标，对保证作物稳产，高产有重要作用。延庆区应加大有机肥投入，提升土壤有机质含量。

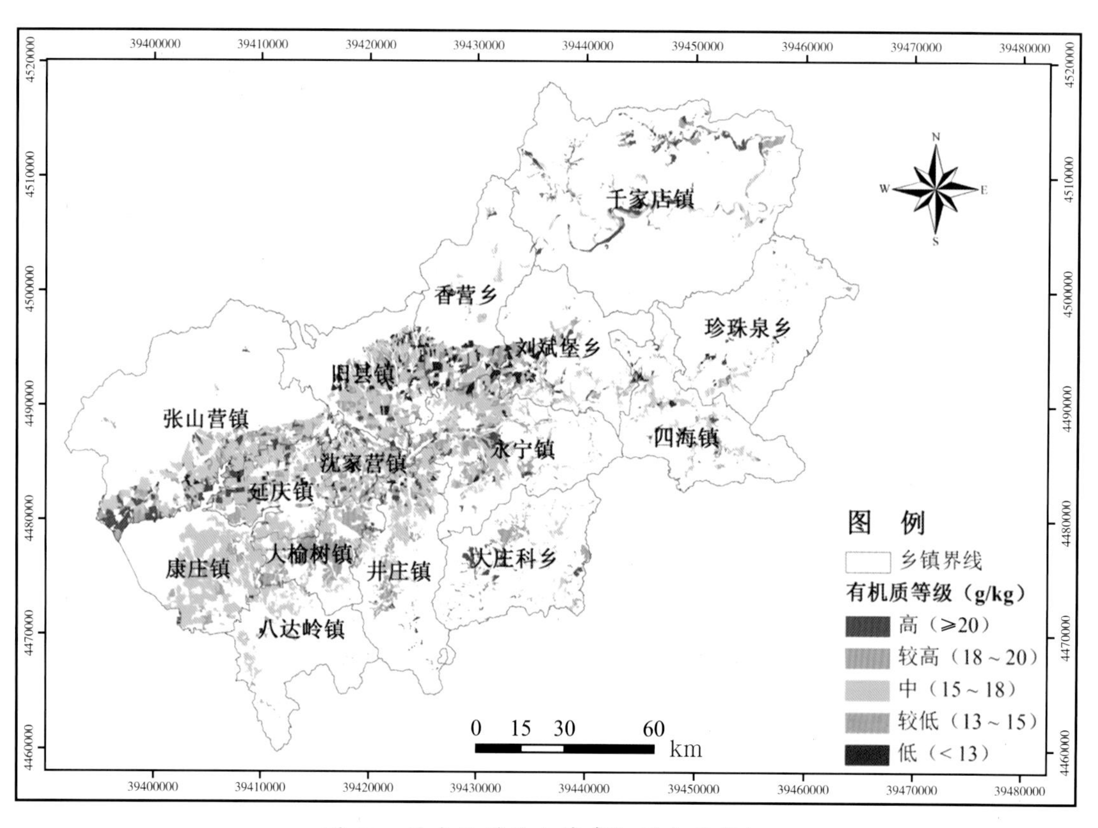

图20　延庆区耕地土壤有机质含量等级

（三）土壤有机质含量变化

与 1980 年土壤普查时期相比，延庆区土壤有机质主要以上升为主。其中上升（上升范围 0~5 g/kg）的区域分布于该区的中部地区，这类耕地面积占全部耕地面积的 49.15%，有机质显著上升（上升范围 5~10 g/kg）的耕地面积比例约为 30.94%，主要分布于西部等地区。各区域土壤有机质含量变化见图 21。

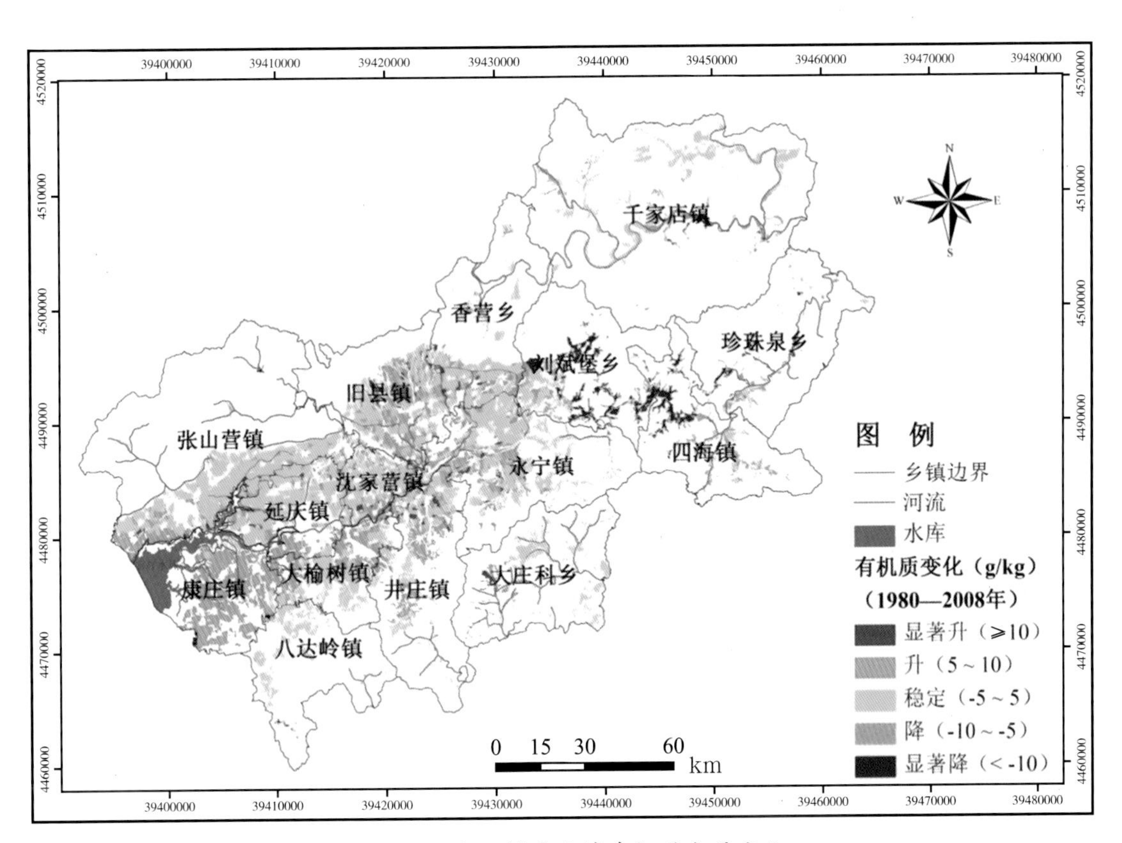

图 21　延庆区耕地土壤有机质含量变化

（四）土壤全氮含量

氮是作物生长中需要较多的养分之一，合理的氮供应水平是对作物产量的重要保证。延庆区耕地土壤全氮含量处于低等水平，各等级面积所占的比例见图 22。全氮含量极高、高、中、低和极低的面积分别占 13.80%、9.47%、21.06%、45.03% 和 10.64%。低等含量水平的主要分布于中部地区。

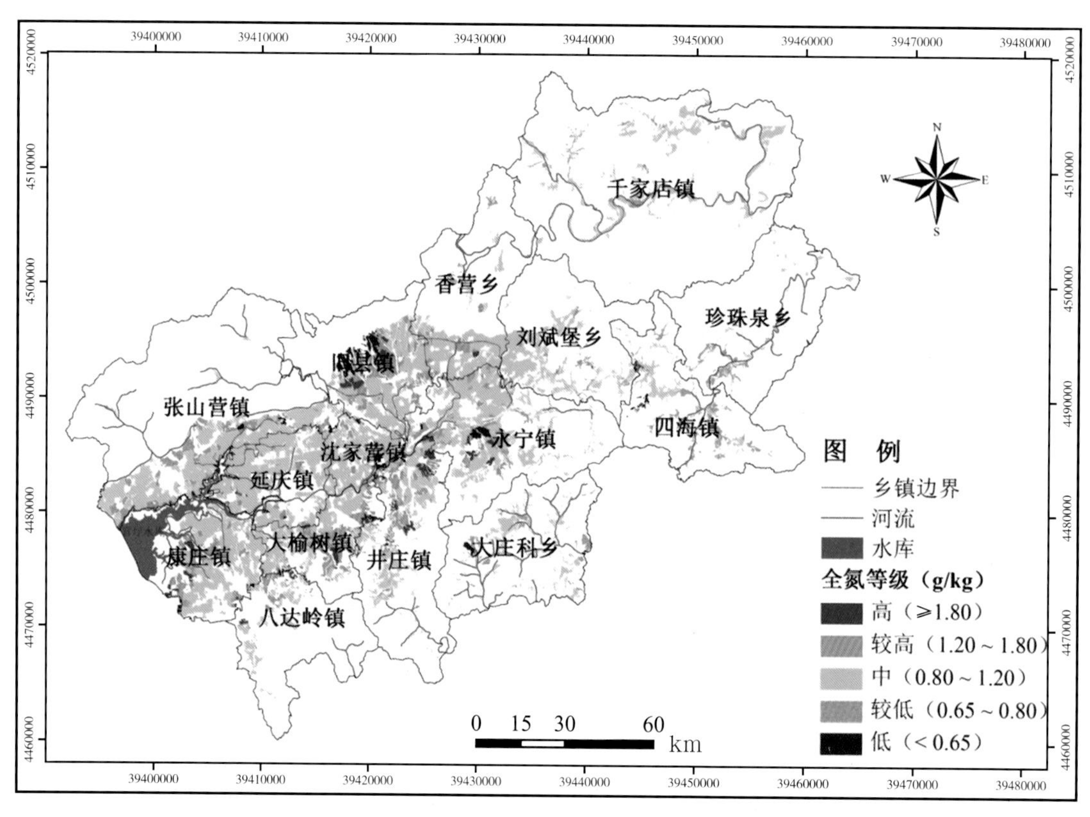

图 22 延庆区耕地土壤全氮含量等级

（五）土壤全氮含量变化

延庆区土壤全氮含量变化有升有降，以升为主。其中上升（上升范围 0~0.5 g/kg）的地块主要分布于中部地区，这类耕地面积占总耕地面积的 55.32%，下降（下降范围 0~0.5 g/kg）地块的面积约为 44.68%，主要分布于中西部地区。各区域土壤全氮含量变化见图 23，土壤全氮降低的地区应加大氮肥和有机肥投入，提高土壤供氮水平。

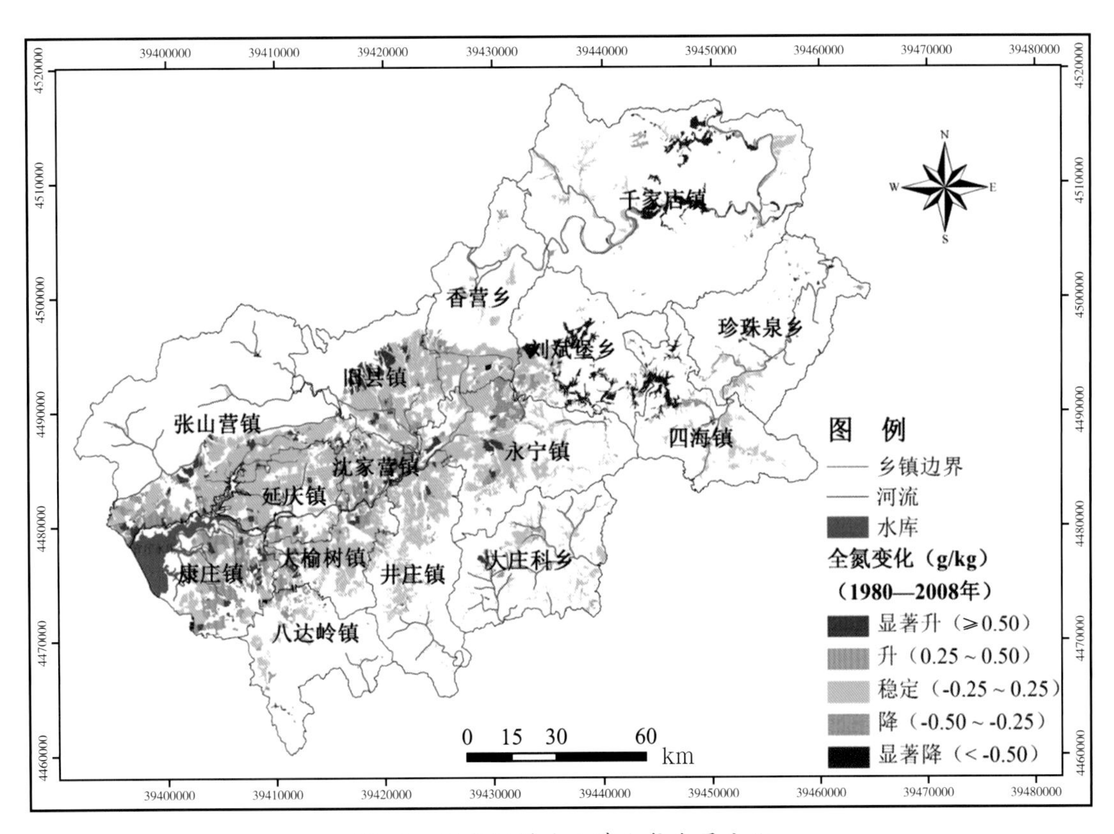

图 23 延庆区耕地土壤全氮含量变化

（六）土壤有效磷含量

磷是作物生长必需的大量元素之一，土壤有效磷含量是作物推荐施肥重要的参考指标。延庆区耕地土壤有效磷含量处于低等水平，各等级面积所占的比例见图 24。有效磷含量中、低和极低的面积分别占 8.36%、71.64% 和 20.00%。低等含量水平的主要分布于中部和西部等大部分地区。土壤有效磷含量低和极低地区，应重视磷肥作用，保证作物产量与品质。

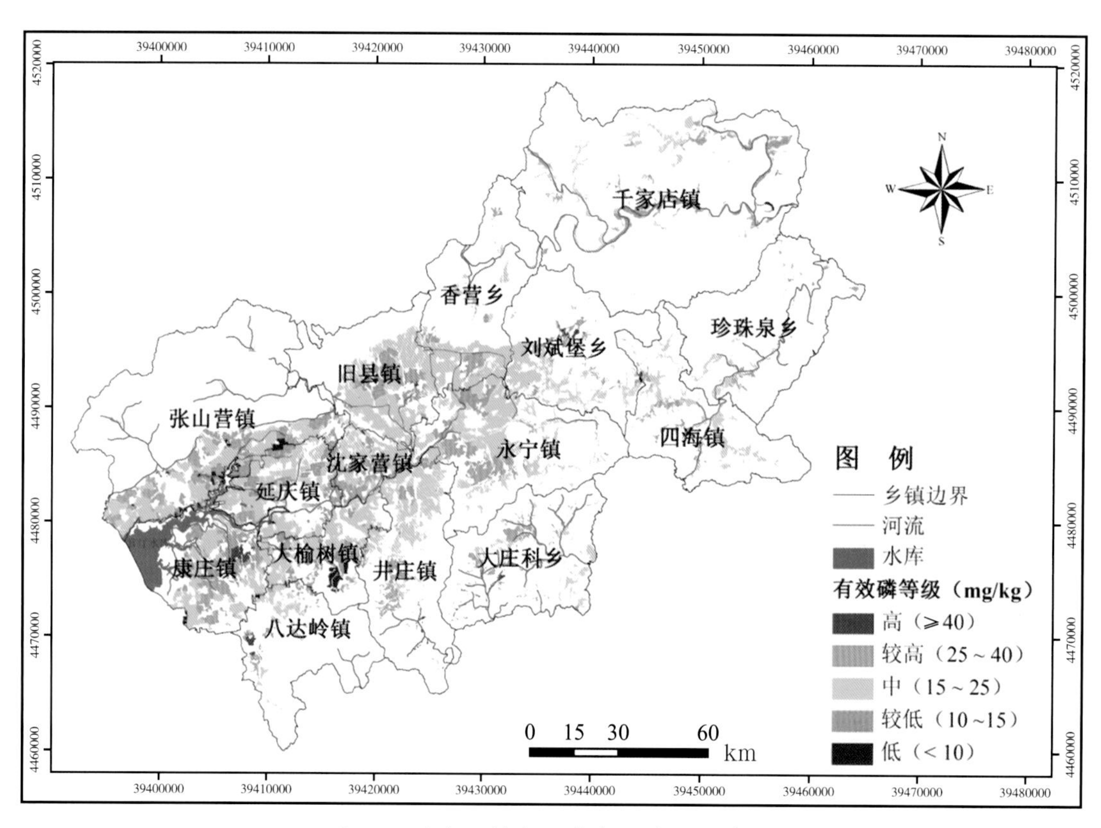

图 24 延庆区耕地土壤有效磷含量等级

（七）土壤有效磷变化

延庆区土壤有效磷含量变化有升有降，以升为主。极显著上升（上升量大于 10 mg/kg）的地块面积约为 47.79%，主要分布于中部和西部等地区；显著上升（上升范围 5~10 mg/kg）的耕地面积为 28.19%，主要分布于旧县镇和张山营镇等乡镇。各区域土壤有效磷含量变化见图 25。土壤有效磷上升较快地区，应减少磷肥使用，重视微量元素补充。土壤有效磷显著下降地区，应重视磷的使用。

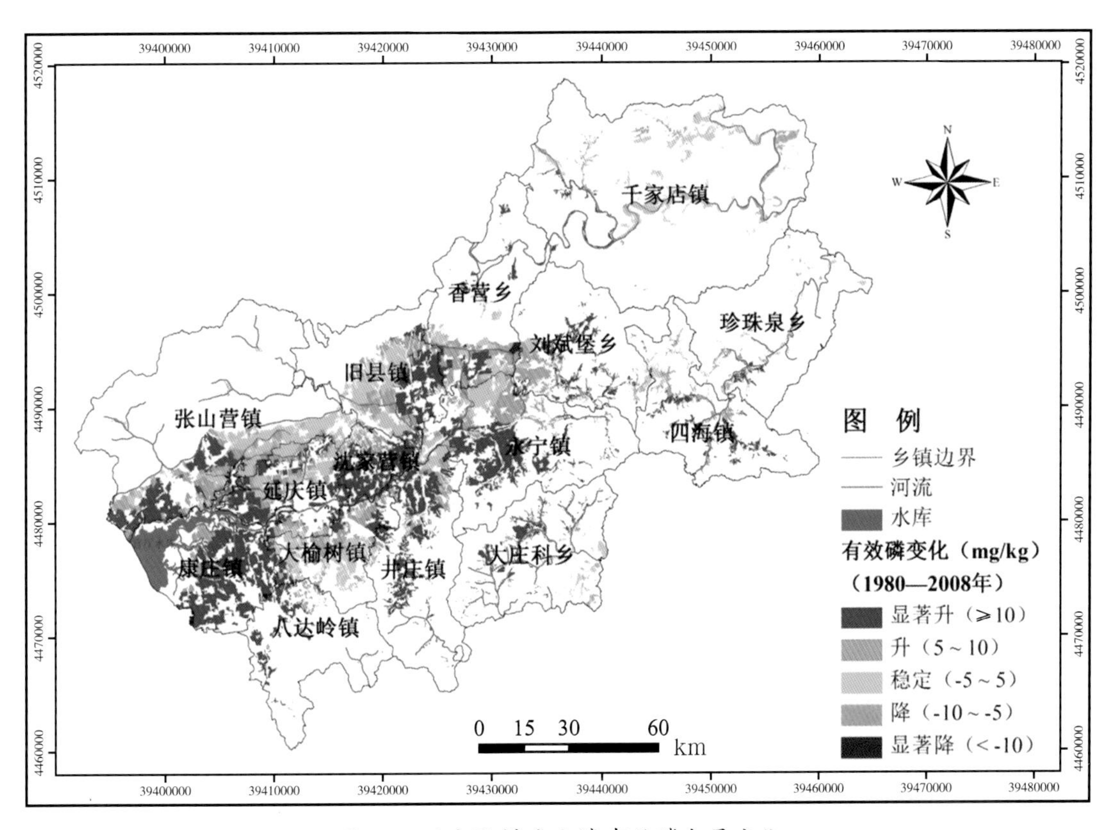

图 25 延庆区耕地土壤有效磷含量变化

（八）土壤速效钾含量

土壤速效钾是表征土壤钾供应能力的重要指标，土壤速效钾含量高低对作物产量与品质有重要影响。延庆区耕地土壤速效钾含量处于高等水平，各等级面积所占的比例见图26。速效钾含量极高、高、中和低等的面积分别占28.07%，48.85%、22.52%和0.56%。高等含量水平的主要分布于中部地区。

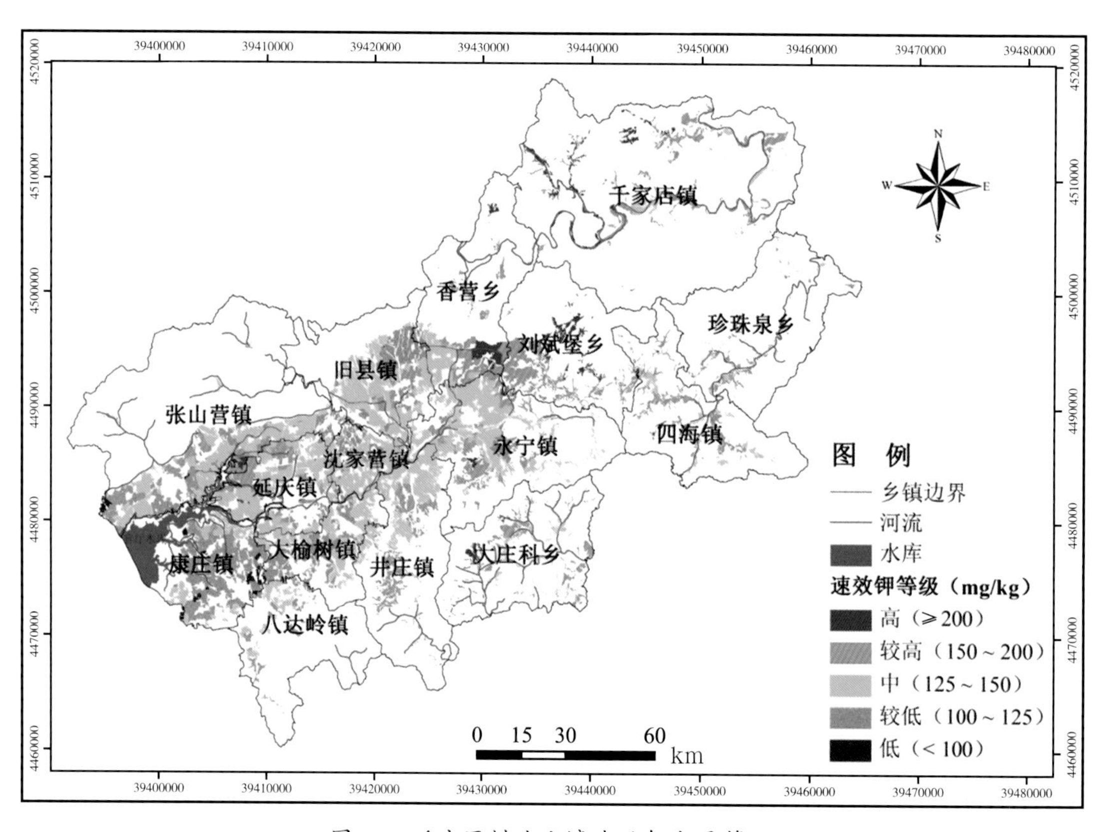

图26 延庆区耕地土壤速效钾含量等级

（九）土壤速效钾含量变化

延庆区土壤速效钾含量变化有升有降，以升为主，显著上升（上升范围 25~50 mg/kg）的耕地面积比例为 46.97%，主要分布于西部等地区，下降 (下降范围 0~25 mg/kg) 的耕地面积比例为 7.49%，主要分布于中部地区。各区域土壤速效钾含量变化见图 27，土壤速效钾含量下降的地区应重视钾肥使用，保证作物产量，提高作物抵御自然灾害的能力，改善作物品质。

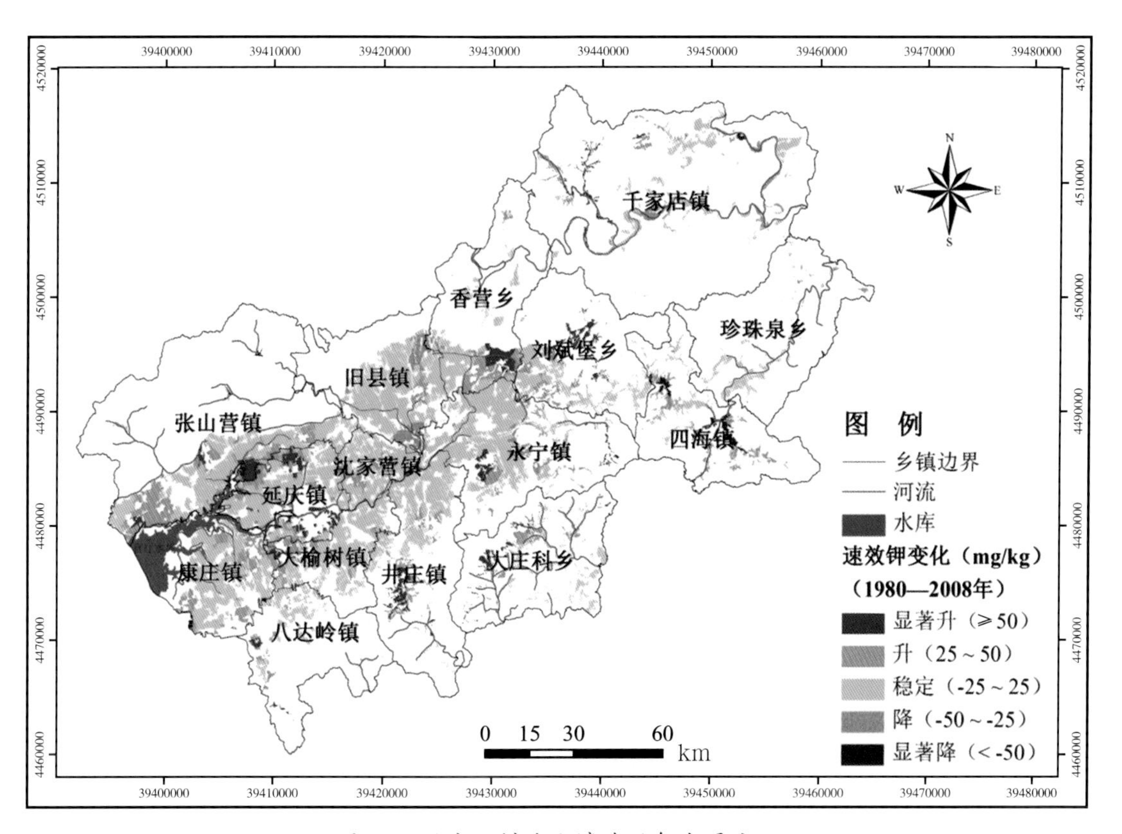

图 27 延庆区耕地土壤速效钾含量变化

八、土壤养分障碍

（一）耕地土壤有机质障碍情况

延庆区耕地土壤有机质含量处于低等级面积所占的比例为23.52%，主要分布于中部地区，具体分布见图28。由于长期的耕作，只投入化肥，有机肥投入很少，使得有机质下降显著。这些地块应加大秸秆还田和有机肥投入，培肥地力。

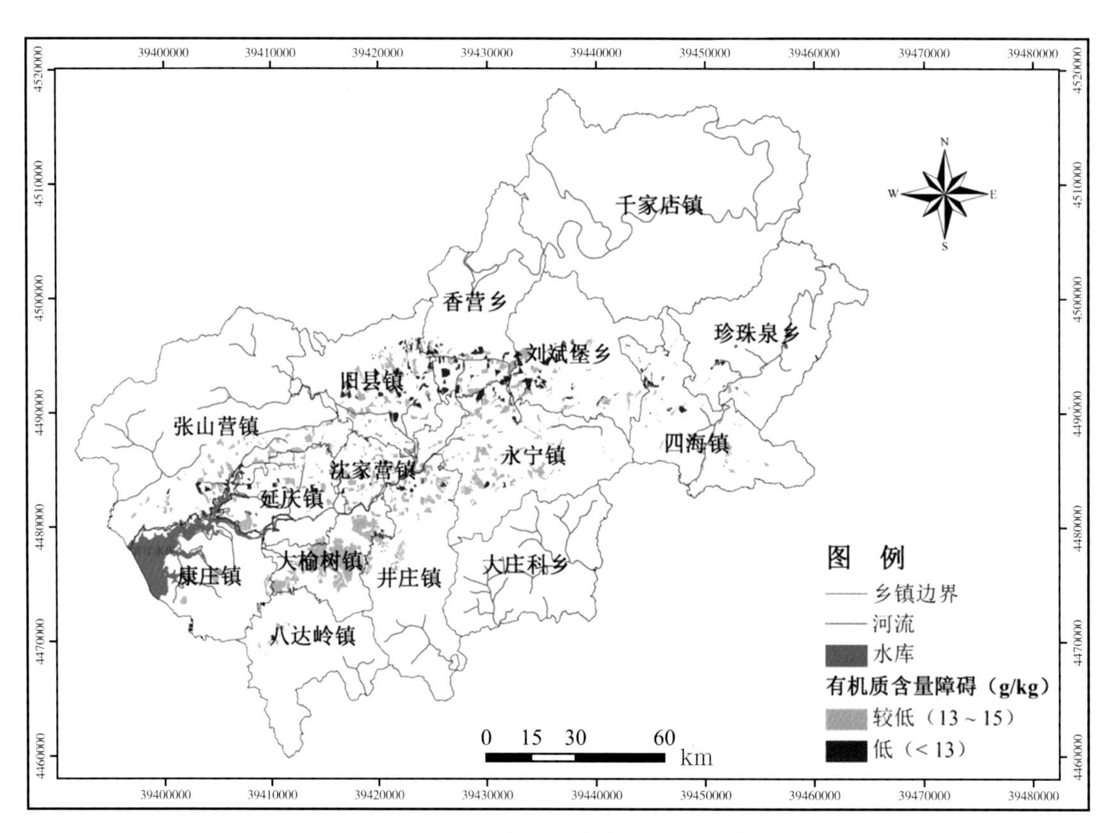

图28 延庆区耕地土壤有机质含量障碍

（二）耕地土壤全氮障碍情况

延庆区耕地土壤全氮含量处于低和极低等级面积所占的比例分别为45.03%和10.64%，主要分布于中部和西南部地区，具体分布见图29。在加大氮肥施用量的同时，要注意避免过量施用，以免对河流和地下水产生不良影响。

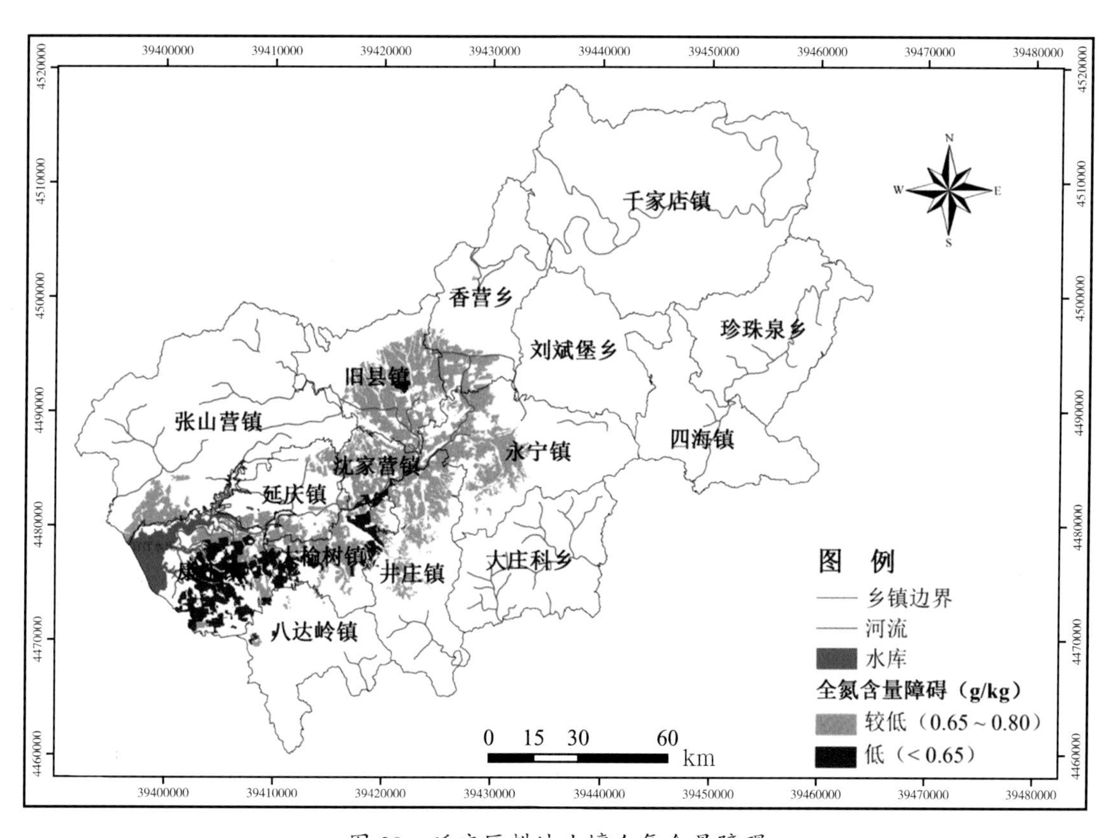

图29 延庆区耕地土壤全氮含量障碍

（三）耕地土壤有效磷障碍情况

总体上看，延庆区耕地磷素属于偏低水平，该区占总耕地面积71.64%的土壤有效磷含量处于低等水平，还有高达20.00%的耕地面积土壤有效磷含量属于极低等水平，整个空间分布的范围也较广，具体分布见图30。因此，该区应该在养分平衡的原则下，注意磷素养分的有效调控投入，以满足作物生长对磷的需求。

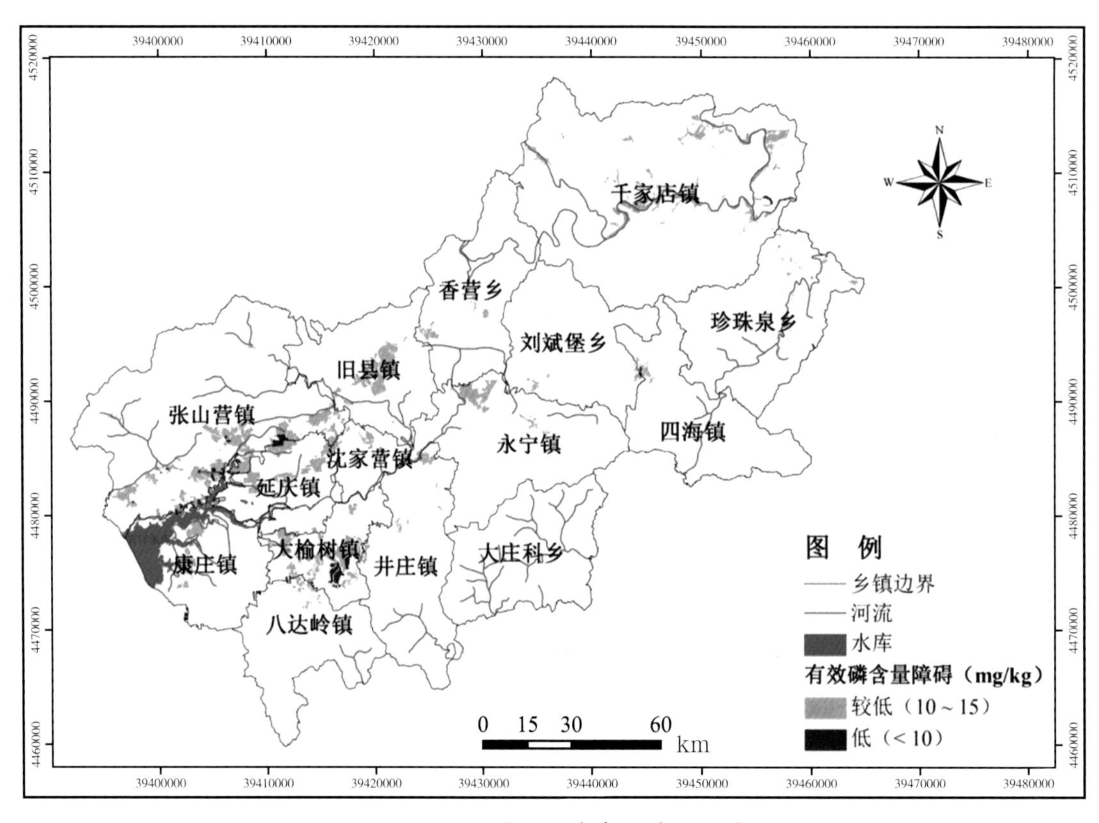

图30 延庆区耕地土壤有效磷含量障碍

（四）耕地土壤速效钾障碍情况

延庆区耕地土壤速效钾处于低等级含量水平的地块约占耕地土壤总面积的0.56%，主要分布于西部地区，具体分布见图31。这些地块应加大秸秆还田力度，多投入钾肥，提高复混肥中钾的比例，以满足作物生长对钾肥的需求，提高作物的产量与品质。

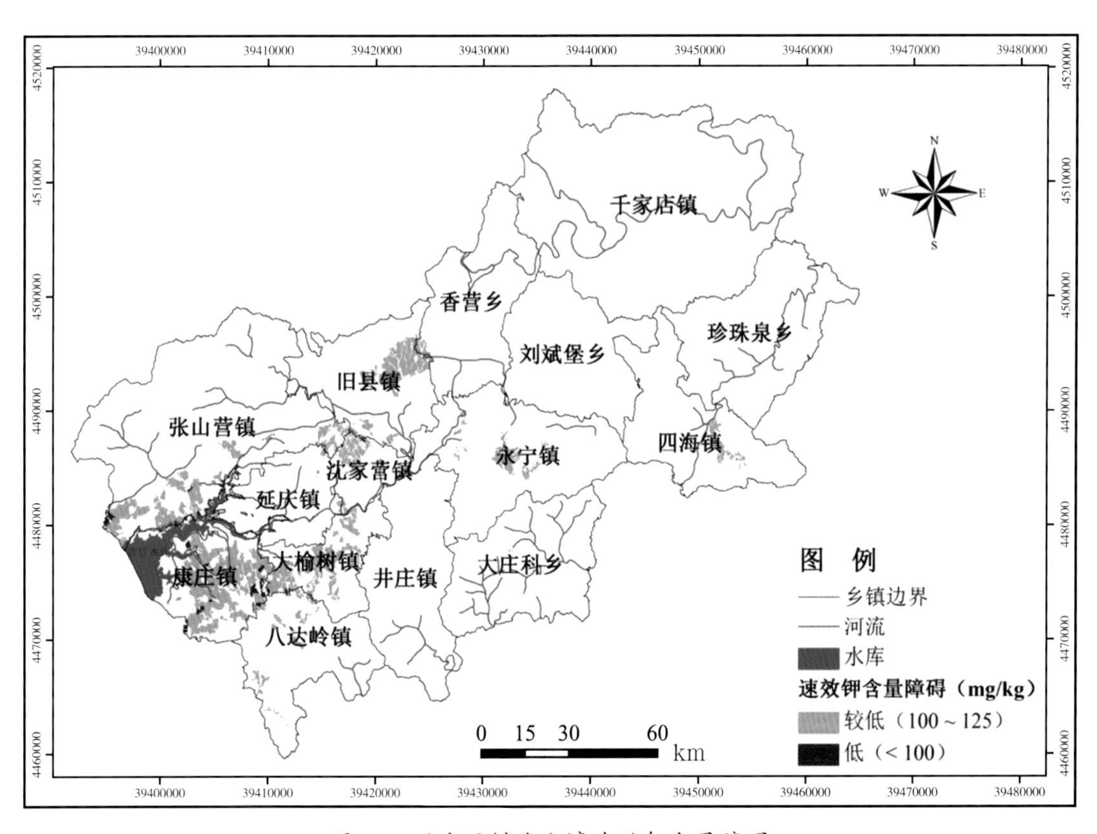

图31 延庆区耕地土壤速效钾含量障碍

九、土壤改良与培肥

土壤是作物生长的基础，肥沃土壤不仅能为作物提供良好生长的条件，还能增强作物抵御不良生长环境的能力。土壤同时是地球生物圈的重要组成部分，对维持大气、水体环境质量具有重要性。农业生产中土壤管理主要目标是改良土壤障碍因素，培肥土壤，维持农业可持续发展。下面就生产中常用的一些土壤改良培肥措施进行具体介绍。

（一）合理使用有机肥

1. 施用有机肥的意义

有机肥是利用畜禽粪便、作物秸秆等物质加工而成，使用有机肥消纳有机废弃物，保持生态平衡。同时使用有机肥，可以培肥土壤，有机肥含有较多种类的养分，使用有机肥能显著增加土壤有效养分的含量，同时增加土壤微生物种类与数量，提高农作物吸收养分的数量。有机肥料能提高土壤阳离子代换量，增加对重金属等金属的吸附固定，提高土壤自净能力，减少土壤中有害物质对农产品质量的危害。与化学肥料相比，有机肥能降低蔬菜中硝酸盐和亚硝酸盐的含量，因此，使用有机肥料可以保障农产品的安全。有机肥种类繁多，合成有机肥的原料也多种多样，目前主要以秸秆、粪便为原料加工有机肥。

2. 有机肥施用技术

施用有机肥可改善土壤理化形状，协调作物生长环境条件，但是只有合理使用有机肥才可以调和满足作物对养分的需求，保持土壤肥力不降低，维持农业可持续发展。

（1）有机肥要因土施用。根据土壤肥力决定种类与用量。高肥力地块，适当减少有机肥用量，可以施用少量养分含量高的精品有机肥；对于低肥力地块，适当增加有机肥用量，多使用一些含碳高、养分含量低的有机肥，增加土壤有机质供给，培肥土壤。砂土应该增加有机肥使用量，提高土壤有机质含量，改善土壤的理化性状，增强保肥、保水性能。

（2）根据肥料特性施肥。不同有机肥性质区别很大，培肥土壤及养分供应方式大不相同，施肥时应该根据肥料特性，采取相应的措施，提高作物对肥料的利用率。秸秆类有机肥有机物含量较高，适宜做底肥，用量可大一些，但是氮、磷、钾养分含量相对较低，微生物分解秸秆还需要消耗氮素，因此，在施用秸秆有机肥时需要与氮、磷、钾化肥配合。

粪便类有机肥料的有机质含量中等，氮、磷、钾养分含量丰富，应少施，集中使用，一般做底肥使用，也可做追肥。

（3）根据作物需肥规律施肥。不同作物对养分的需求量及其比例、养分的需要时期、对肥料的忍耐程度均不同，在施肥时应考虑每种作物的需肥规律，制订合理的施肥方案。设施种植一般生长周期长，需肥量大的作物，需要大量施用有机肥，作为基肥深施，施用在离根较远的位置。一般有机肥和磷、钾做底肥施用，后期应该注意氮、钾追肥，以满足作物的需肥。

3. 有机肥施用注意事项

（1）勿过量施用有机肥。有机肥料养分含量低，对作物生长影响不明显，不像化肥容易烧苗，而且土壤中积累的有机物有明显改良土壤作用，有些人认为有机肥料使用越多越好，实际过量使用有机肥料同化肥一样，也会产生危害。过量有机肥导致烧苗，导致土壤磷、钾养分含量大量聚集，造成土壤养分不平衡；过量有机肥施用，土壤硝酸根离子聚集，导致作物硝酸盐含量超标。由于准备时间不足、或者习惯等问题，直接施用未经处理的生粪，一方面会带入大量病虫菌，危害作物的生长；另一方面，生粪在土壤里进行二次发酵，产生氨气等有毒物质加重危害作物。

（2）有机无机生物肥搭配施用。在施肥时，如果单独施用化肥或有机肥或生物菌肥，都不能使蔬菜长时间保持良好的生长状态，这是因为每种肥料都有各自的短处：化肥养分含量高，施入土壤后见效快，但是长期大量施用会造成土壤板结、盐渍化等问题；有机肥养分全，可促进土壤团粒结构的形成，培肥土壤，但养分含量少，释放慢，到了蔬菜生长后期不能供应足够的养分；生物菌肥可活化土壤中被固定的营养元素，刺激根系的生长和吸收，但它不含任何营养元素，也不能长时间供应蔬菜生长所需的营养。化肥、有机肥、生物菌肥配合施用效果要好于单独施用，生产中要合理搭配使用各种肥料。

（二）土壤消毒

土壤是病虫害传播的主要媒介，也是病虫害繁殖的主要场所。许多病菌、虫卵和害虫，都在土壤中生存或越冬，而且土壤中还常存有杂草种子。因此，不论是苗床用土、盆花用土、露天苗圃地、农田还是温室大棚等设施土壤，使用前都应彻底消毒。

1. 太阳能消毒技术

太阳能土壤消毒技术是指在密闭环境中，通过吸收利用太阳光能，迅速提高土壤温度，从而杀死各类土传病菌及地下害虫的一种土壤消毒方法，可避免药剂消毒所造成的土壤有害物质残留、理化性质破坏等弊端。

太阳能消毒的方法是：温室或田间作物采收后，清除其前茬作物的枯苗和杂草，根据下茬栽培作物撒施基肥，以及稻壳 500 kg/ 亩（或碎稻草 600 kg/ 亩）、生石灰 70~80 kg/ 亩。然后把土壤翻耕，并进行灌水。在 7~8 月，气温达 35℃以上时，覆盖地膜及大棚膜，可使土温度高达 60℃左右，晴好天气下保持 15~20 天，从而实现高温消毒，可杀死土壤中的各种病菌及害虫。消毒结束后撤除地膜和大棚膜，保持露地状，再翻耕土壤，待气味散去后，即可种植。

2. 药剂消毒

药剂土壤消毒是将化学、生物制剂通过土壤注射、土表喷施、设施内熏蒸等方式，施用到土壤中以杀死土壤中的病原菌、地下害虫、线虫、杂草种子等。主要使用的药剂有：甲醛、多菌灵、百菌清、波尔多液、棉隆、线克（威百亩）、硫黄、阿维菌素、氯化苦、溴甲基等，其中氯化苦是比较常用的一种。

氯化苦属于危险化学品，其使用方法是在田间布点开穴，用土壤注射器向地下注射氯化苦原药，深度为 15 cm，然后立即覆盖地膜，密闭熏蒸 15 天 ，揭开地膜，待药液挥发后定植。在施药技术、专用施药机械、工具养护等方面有严格要求，具体要点如下。

（1）施药量。在防治草莓重茬病害时，每平方米使用 30~50 g。重茬年限越长，使用量越高。

（2）土壤条件。首先，旋耕 20 cm 深，充分碎土，捡净杂物，特别是作物的残根。因为氯化苦不能穿透病残体的内部，不能杀灭残体内部的病原菌，这些病原菌很易成为新的传染源。

（3）施药方法。用手动注射器将氯化苦注入土壤中（图 32），注入深度为 15~20 cm，每孔注入量为 2~3 mL。注入后，用脚踩实穴孔，并覆盖塑料布。施药时，土温至少 5℃以上。

（4）覆膜熏蒸。施药后，应立即用塑料膜覆盖，膜周围用土盖上（图 33）。根据地温不同，覆盖时间也不一样。低温：5~15℃为 20~30 天；中温：15~25℃为 10~15 天；高温：

25~30℃为 7~10 天。在施药前，首先让用药农户准备好农膜，边注药边盖膜，防止药液挥发。用土压严四周，不能跑气漏气。农户要随时观察，发现漏气，及时补救，否则影响药效。

图 32 药剂注射

图 33 压实农膜

（三）蚯蚓堆肥

1. 什么是蚯蚓堆肥

有机肥废弃物堆置高温期过后，接种一定数量蚯蚓，通过蚯蚓活动，充分分解有机物质，同时增加堆肥的有效养分、微生物、有益物质等的含量，提高堆肥的品质，为土壤改良培肥提高优质的有机肥料。

2. 蚯蚓堆肥如何操作

（1）蚯蚓选种。使用赤子爱胜蚓作为生物循环处理技术的主推品种。赤子爱胜蚓一般体长 35~130 mm，直径 3~5 mm。

（2）蚯蚓扩繁。将蚯蚓种平铺，覆盖 20~30 cm 厚的潮湿粪便和粉碎秸秆混合物，等到覆盖物表层变成颗粒状后，再添加粪便和秸秆混合物，通常 1~2 个月的时间 8~10 m^2 的区域可扩繁蚯蚓 40~50 kg。为了保障蚯蚓的正常生长，蚯蚓繁育区域，夏天要有遮阳、遮雨条件，并能定期补充水分，地表覆盖自然土体；冬季地表覆盖稻草，并加盖塑料以保持地温。北方如果室外温度在 8℃以下，还需在保护设施内进行扩繁。

（3）物料准备。将日常收集、种植园区拉秧后的植物残体集中堆放在物料间里，当累计到一定量的时候，利用粉碎机将植物残体粉碎至 5 cm 以下的长度，并用塑料布覆盖防止随风吹走。并在堆肥前准备好粪便。

（4）堆置发酵。将粪便和粉碎植物残体混合一起发酵，将 1 m^3 粪便和 2 m^3 粉碎残体混合均匀，蚯蚓处理废弃物碳氮比 25~35 最佳，喷洒一定水分保持湿润，含水量以手攥住混合物水分不下滴，且能成团为最佳，堆置地点适宜为长方体，长 20 m，宽 2 m，高 1 m。夏季堆置 3 周，冬季堆置 2 个月。

（5）接种蚯蚓。在堆肥高温阶段（夏季堆肥 10~20 天，冬季 30~40 天后）过后，将蚯蚓均匀撒施在发酵后的混合物上层，堆置上方需要搭建简易遮阳避雨装置（遮阳网），混合物表面布置微喷装置，1 m^3 混合物可接种 1.5~2.0 kg 蚯蚓，pH 值维持在 7.0 左右最佳，温度控制在 20~25℃最佳，不易超过 30℃或者低于 0℃。

（6）蚓粪分离。蚯蚓年繁殖率可达数十倍，重量增加 100 倍以上，每天能消耗超过自身体重一半的有机废物。当堆置混合物高度明显下降后，且上部粪便呈现均匀颗粒状，表明处理接近尾声，此时可以将新鲜粪便堆在旁边，并覆盖黑色薄膜，使得蚓粪快速分离，分离的蚯蚓可以继续处理下一批次混合物。

（四）“堆肥茶”施肥防病技术

“堆肥茶”是用堆制腐熟的有机肥，经过浸泡、通气发酵而制成的液体肥料。堆肥茶制作与使用方便，堆肥茶中的养分与微生物更容易被作物利用，堆肥茶兼具肥效和生物防治的双重作用，不仅可以改善植物营养成分还能改善果蔬口感，并具有一定的防病功效，与有机肥配合使用还能促进有机肥中养分利用。

1.“堆肥茶”的作用

“堆肥茶”作为一种肥料，在提供植物生长所必需的营养物质的同时还具有：①富含营养物质和微生物，促进有益微生物和昆虫的生长，活化土壤环境，消除长期施用化肥和农药对环境的不利影响；②抑制病菌，减少害虫，通过水分的渗透、二氧化碳的扩散改善土壤结构；③有助于提高土壤的保水量和促进作物生长的激素的生成；④通过促进有机物质转化为腐殖质，提高土壤有机质含量，改良土壤，减少土壤污染；⑤对叶斑、卷尖、霉菌、霜霉、早期或晚期凋萎病、白粉病、害锈病等都有一定的防治效果，另外，对花叶病毒、细菌凋萎病、黑腐病等也有一定作用。

2. 堆肥茶的制作

（1）挑选优质堆肥。制作堆肥茶，必须要有活化的、充分腐熟的优质堆肥，即经过一段时间适当的高温发酵，使其中的杂草种子和病原微生物得到彻底杀灭，富含有益微生物、养分等有益作物生长的物质，腐熟好的堆肥散发出好闻的气味，蚯蚓堆肥就是制作堆肥茶的好材料。

（2）制作堆肥茶需要设备（图 34）。可以向专门公司购买堆肥茶制作设备，如果没有专门设备，可以用一些日常生活用设备替代，这时需要一个大的塑料桶、一个气泵、几米长的通气管、一个通气头、一个能够调节气量的阀门，还需要用于搅拌的棍子，一些无硫的糖蜜，过滤堆肥茶的尼龙网，以及装堆肥茶和渣的备用桶。不能在无通气设备条件下制作堆肥茶，因为如果不连续通气，这些微生物很快就会耗尽氧气，该堆肥茶就开始变得黏稠并且厌氧菌增多，有厌氧菌的堆肥茶会损害作物。

（3）水的选择。用井水可以直接泡制，但是如果用城市自来水泡制，需要先将自来水在桶内通气 1 小时以除去氯。

（4）制作过程。空桶中装少于半桶的堆肥，放水至大半桶（堆肥与水比例为 1 ∶ 10 左右），不加盖，利于通气。将通气头置于桶底部（埋于水底），将气阀门挂在桶边缘，开动泵。检查通气，等运行正常后，加入少量无硫糖蜜。用木棍将水、堆肥和糖蜜充分搅拌均匀。每天搅拌几次。每次搅拌后检查冒气头是否居桶底中央，保证整桶水处处有氧气供应。一般泡制 2~3 天后，堆肥茶就制作好了，除去通气设备。如果认为还要继续通气，可再添加适量糖蜜，否则没有足够养分会使处于活跃状态的有益细菌进入休眠。静置 10 ~ 20 分钟后过滤，将滤液放入另外的桶或直接装入喷雾器。堆肥茶的滤渣富含有益细菌和真菌，可立刻放回

图 34　堆肥茶制作设备示意

原来或另外的堆肥中，也可立刻施入土壤。制作堆肥和泡制堆肥茶时，如果有异味散发则意味着效果不好，应该加强通气和搅拌。应该注意：通气良好、泡制得好的堆肥茶有一股甜香和泥土气味，不要施用气味不好的堆肥茶，它含有厌氧生物产生的低浓度乙醇，足以损伤植物根系；堆肥茶制作好后要在1小时内使用完，放置时间过长，由于缺氧，堆肥茶会变质。

3. 堆肥茶的施用

堆肥茶可以广泛用于大田作物、蔬菜、花卉和果木，对农作物类型没有具体要求。施用堆肥茶需要根据植物的健康状况，来决定施用堆肥茶的次数和数量。一般春季施用一次之后，其他季节都无须再用了。另外，有益昆虫的存在数量是农作物健康生长的标志。喷洒堆肥茶后，有益昆虫能够帮助将堆肥茶中的有益微生物散布到整个菜园或果园，甚至能够在几个季节防止害虫的为害。如果农田中有益昆虫数量不够，可以至少一个月喷洒堆肥茶一次或对菜园一月施两次。对植物在其长出第一片真叶时，喷洒堆肥茶的效果好。

施用方法可以选择叶面喷洒或灌根。叶面喷施可以选择傍晚进行，每公顷喷50 L，雾化喷湿植物表面，堆肥茶中加入表面活性剂、黏着剂有利于提高喷施效果，喷后下雨要补喷一遍；灌根可通过人工或者滴灌设备滴到作物根部，每公顷灌150 L，如果采用滴灌设备灌根，可以先灌少量水润洗管道，再向水中加过滤纯净的堆肥茶，灌完后再用水清洗滴灌管道。如果人工灌根，对堆肥茶的过滤不做严格要求，堆肥茶中的杂质能为作物提供更多养分与活性物质。

4. 堆肥茶施用的注意事项

（1）有效期短。制作好的成品尽可能在1小时内将它进行叶面喷施。否则没有足够的氧气和糖等养分使有益细菌处于活跃状态而要进入休眠失去活力，3、4个小时后肥效会大大降低，导致原料的浪费，增加费用。

（2）制作过程中，如用自来水一定要除氯，否则氯气能杀死水中的微生物，影响堆肥茶的生产。

（3）如果有异味散发则意味着效果不好，应该加强通气和搅拌。通气良好、炮制得好的堆肥或堆肥茶有一股甜香和泥土气味。不要施气味不好的堆肥茶，它含有厌氧生物产生的低浓度乙醇，但足以损伤植物根系。

（五）种植绿肥

1. 京郊发展绿肥的意义

绿肥是最清洁的有机肥源，不含重金属、各种激素、病原菌等有害物质。种植绿肥不仅能较快地将有机质、矿物质返还给土壤，补充、平衡土壤营养，培育健康的土壤。而且，还能治理农田裸露，减少风沙扬尘，缓解大气污染，营造优美的田园景观。具有显著的经济、社会和生态效益。

2. 绿肥的种植与利用技术

绿肥品种应根据不同种植制度及利用方式进行选择。基本原则：耐寒、耐旱、耐阴、耐践踏、须根性、生态兼容性原则；北京地区适宜的品种主要有豆科：白三叶、紫花苜蓿、沙达旺、草木犀、百脉根等；禾本科：鸭茅、无芒雀麦、草地早熟禾、黑麦草等；十字花科类：二月兰（图 35、图 36）、冬油菜等。种植方式有：单作、间种、套种、混种、插种或复种。条播、撒播均可，春季适宜条播，秋季适宜撒播。一般禾本科每亩用 1.5~2.5 kg，豆科绿肥 0.5~1 kg，十字花科绿肥 1.5~2.0 kg。

图 35 果园二月兰优美景观

图 36 农田二月兰优美景观

根据生长情况要及时刈割或翻压。种植当年最初几个月最好不割，待根扎稳、高约 30 cm 的时候再开始刈割。刈割后草的高度为 10 cm 左右，全年刈割 3~5 次。刈割下来的草用于覆盖或翻压。翻压：先将绿肥茎叶切成 10~20 cm 长，然后撒在地面或施在沟里，随后翻耕入土壤中，一般入土 10~20 cm 深，砂质土可深些，黏质土可浅些。一般亩翻压 1 000~1 500 kg 鲜草为宜。

3. 绿肥二月兰栽培技术要点

（1）抓好适期播种。9 月上中旬足墒撒种，农田套种要在 7—8 月下雨前后足墒撒种，保障出苗率及越冬成活率。

（2）抓好冬前管理。一般正常播种的二月兰，在冬前肉质根能积累足够多的能量，均可以安全越冬；对于播种晚、苗弱的二月兰，可冬前灌防冻水保证安全越冬。

（3）抓好春季返青，保障苗齐、苗壮。对于春季土壤特别干旱的地块，可浇一次返青水，促进返青成活。

（4）抓好春季管理，保障较高生物量。二月兰返青后，一般均可正常生长。对于需要采食菜薹的地块可多浇水，促进菜薹鲜嫩，提高口感。

（5）抓好适期翻压，保障不误下茬农时。绿肥翻压过早生物量不足，翻压过晚，植株木质程度高不易腐烂，影响下茬播种质量。二月兰最佳翻压期是 4 月底至 5 月初，此时正值盛花期，生物量最大。翻压时要掌握“一深二严三及时”的原则。

（六）玉米秸秆综合利用

1. 北方利用模式

玉米秸秆还田技术就是把玉米秸秆通过机械切碎或粉碎后，直接撒在地表或通过机械深翻或旋耕犁深旋把秸秆施入土壤的一种农业技术。目前玉米秸秆还田技术普遍被群众接受。玉米秸秆还田可以增加土壤肥力，改良土壤结构；明显提高农业生产效率，减轻劳动强度，节约劳动成本；减少环境污染，改善农田周围环境。

目前北方常用的模式为玉米秸秆机械粉碎还田腐熟技术，本技术模式适用于降水量在 300 mm 以上、且有灌溉保证条件的地区。耕作方式可单作、连作或轮作，田间作业以机械化作业为主。

2. 技术要点

（1）秸秆处理。在玉米成熟后，采取联合收获机械收割的，一边收获玉米穗，一边将玉米秸秆粉碎，并覆盖地表（图 37）；采用人工收割的，在摘穗、运穗出地后，用机械粉碎秸秆并均匀覆盖地表（图 38）。秸秆粉碎长度应小于 10 cm，留茬高度小于 5 cm。

在秸秆覆盖后，趁秸秆青绿(最适宜含水量 30% 以上)，在雨后或空气湿度较大时，按每亩玉米秸秆施用秸秆腐熟剂量 2~5 kg，将腐熟剂和适量潮湿的细砂土混匀，再加 5 kg 尿素混拌后，均匀地撒在秸秆上。

图 37　收割玉米后将玉米秸秆进行粉碎小于 10 cm

图 38　机械旋耕翻压，将秸秆、菌剂和土壤充分混匀

（2）深翻整地。在施用腐熟剂后，采取机械旋耕、翻耕作业，将粉碎玉米秸秆、尿素与表层土壤充分混合，及时耙实，以利保墒。为防止玉米病株被翻埋入土，在翻埋玉米秸秆前，及时进行杀菌处理（图 38）。在秸秆翻入土壤后，需浇水调节土壤含水量，保持适宜的湿度，达到快速腐解的目的。

（3）注意事项。在玉米秸秆还田地块，早春地温低，出苗缓慢，易患丝黑穗病、黑粉病，可选用包衣种子或相关农药拌种处理。发现丝黑穗病和黑粉病植株要及时深埋病株。玉米螟发生较严重的秸秆，可用 Bt200 倍液处理秸秆。

（七）设施土壤次生盐渍化改良

1. 什么是设施土壤次生盐渍化?

设施（日光温室或冷棚）内部特殊的水分运动方式和集约化多肥栽培是造成土壤次生盐渍化的重要原因。养分投入量远远超过作物所需量，未被作物吸收利用的养分及大量肥料副成分残留于土壤中，随着水分移动在土壤表层汇聚，导致土壤发生次生盐渍化。

2. 如何判断设施土壤是否发生次生盐渍化?

图 39（左）当土壤湿润时，表面有一层紫红色或砖红色的胶状物；图 39（右）当土壤干时，表面有一层白色结晶返盐。

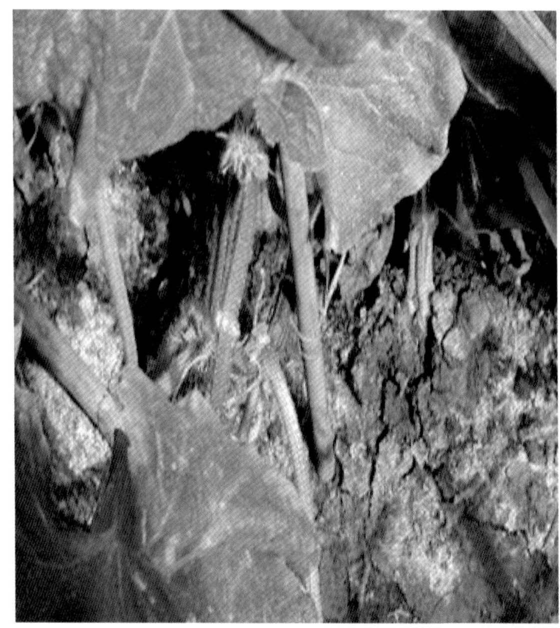

图 39　判断设施土壤是否发生次生盐渍化

3. 设施土壤发生次生盐渍化为什么会对设施生产有影响?

设施土壤次生盐渍化首先会表现为土壤较硬，发板，不易耕作；其次，由于外界盐分浓度过高，造成作物在苗期不能很好地吸收水分和养分，移栽秧苗时缓苗慢，死苗率高，作物发育迟缓，易感病，进而导致产量下降，质量降低。

4. 设施土壤出现了次生盐渍化，如何进行防治?

（1）因地制宜选择适宜作物。如果设施年限时间较长，出现了白斑、砖红色斑或紫红色斑，且土壤较板，可选择耐盐效果较好的作物（表 3），以缓解盐害对作物的影响，减少经济损失。待土壤盐分恢复至正常水平后，再继续栽种计划的作物。

表 3　常见作物耐盐水平

耐盐水平	作　　物
耐盐	芦笋
中等耐盐	甜菜、西葫芦
较耐盐	西兰花、花菜、结球生菜、番茄、芹菜、茄子、甜椒、辣椒、黄瓜、甘蓝、白菜、蚕豆、土豆、甜瓜、南瓜、西瓜、萝卜、菠菜
不耐盐	菜豆、胡萝卜、洋葱、草莓

（2）合理施肥，选择适宜的肥料品种。

①化肥。计算当季目标产量作物所需的总养分，令所投的肥料养分不超过作物吸收带走的养分，减少土壤中盈余的养分，避免这些盈余的养分以盐的形式存在土壤中。因此，合理施肥是减缓、防治土壤次生盐渍化发生的最直接、最有效的措施。化肥致盐能力：氯化铵（NH_4Cl）＞氯化钾（KCl）＞硝酸铵 (NH_4NO_3) ＞尿素 [$CO(NH_2)_2$] ＞硫酸铵 [$(NH_4)_2SO_4$] ＞硫酸钾 (K_2SO_4)，建议尽量不选用含氯离子的化肥。②有机肥。对于 5 年以下新建设施菜田，以熟化土壤为主，可以选用禽类粪肥，如鸡鸭粪；5 年以上的老设施菜田，则尽量少用禽粪（如鸡鸭粪），选用畜粪（如牛猪粪），如仍选用禽粪，最好与畜粪搭配，并减少禽粪比例，选用秸秆类堆肥；种植或定植前 15~30 天施用有机肥，避开盐分高峰期，避免死苗；每茬每亩基施有机肥用量不应超过 5 m^3 或 2 000 kg。

（3）注意作畦方式。京郊设施生产中常用（图 40）方式。（图 40上部分）瓦垄高畦，盐分集中分布在垄的顶部和顶部中轴线沿线附近（黑色部分），作物定植应在垄两侧—低盐区域；（图 40下部分）高平畦，盐分则集中在畦的中部（黑色部分），作物应定植在高平畦“两肩”的低盐区域。

（4）采用地膜覆盖。生产中采用地膜覆盖可减少土壤表面水分蒸发、提高地温、防止土传病害的传播，也可降低土壤表土盐分。多余的水分凝结在地膜上形成水滴，在一定程度上洗刷表土（0~5 cm）盐分，与未覆膜的土壤相比表土盐分可降低 5%，对作物缓苗极为有利。

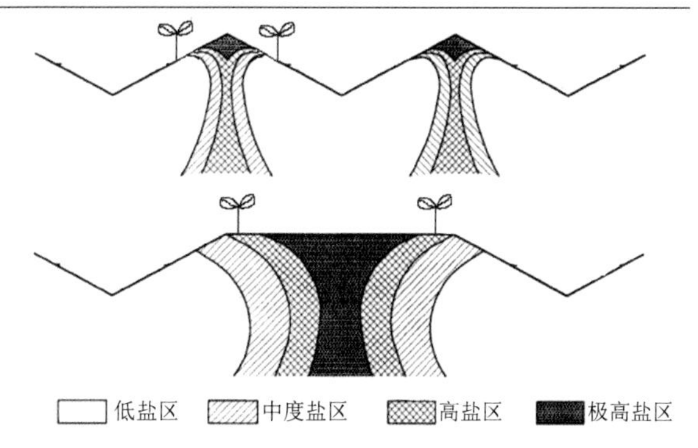

图 40　京郊设施生产中常用作畦方式

（5）使用土壤调理剂。选择市面上改良效果较好的土壤调理剂，按产品说明使用。

（6）休闲期玉米除盐。夏季设施休闲时，种植能大量吸收盐分的（禾本科植物）植物，如盐蒿、苏丹草、玉米或一些绿肥作物，这些植物根系的吸收范围大，吸收能力强，能吸收利用投入到上茬或间作的蔬菜栽培过程中存留的养分，特别是能利用深层土壤氮素，可以有效地降低土壤氮素淋洗的风险，除盐效果较为理想。下面以草莓种植为例，详细阐述改良措施。

①上茬草莓拉秧后，揭开设施棚膜。②拉秧前灌水，便于清除病株残茬，尽量连根拔起。③撤地膜。将草莓秧连同当季枯枝败叶一起收集清理出棚，草莓秧可作饲料或堆肥原料。④破垄或喷施防螨药。用耙将垄打破，并在土表亩喷施炔螨特 10 mL，杀灭螨虫卵，防止玉米受螨虫为害。⑤撒播玉米。亩播种玉米 12 kg，用农机深翻平整土地。仅在关键时期浇一次水，玉米生长 30~45 天。⑥粉碎翻压玉米。用农机粉碎玉米秸秆，并将其翻压还田。⑦撒施下茬底肥中的粪肥。⑧撒施石灰氮。亩施 40~50 kg 石灰氮。⑨开沟。从棚内进水口开始，用四轮机连续开 6 条 S 形沟，沟深 20 cm。⑩覆膜灌水。覆盖地膜，整棚灌水，亩用水量 60 m^3。⑪闷棚 30 天。⑫撤膜。土壤消毒结束后，撤掉地膜 7 天后可进行下茬生产。

（7）休闲期小菜除盐。部分农户希望在设施休闲期种植一茬作物，增加收入。建议种植一茬速生（30~45 天）的蔬菜作物，如樱桃小萝卜、小油菜、小白菜等。期间不施用任何肥料，而是充分利用上茬盈余的养分。采用该项技术，盐分降幅达 20% 左右，亩增收 3 000 余元。

（八）沼肥利用

沼肥分沼液及沼渣，是畜禽粪便、作物秸秆等材料经沼气池厌氧发酵的产物。沼肥含有一定的养分与有机质，用于种植业可为作物提供一定养分，培肥土壤，改善作物品质同时种养结合，为养殖业的有机废弃物找到出路，实现农业可持续发展。延庆近年探索出沼肥利用模式有 3 种，一是大田玉米和有机葡萄管道灌溉，二是蔬菜沼液滴灌，三是园林苗圃穴灌和漫灌。

1. 玉米葡萄管道畦灌

沼液通过管道从德青源沼气工程沼肥贮存池通过管道输送到田间地头，再通过传统沟灌或者畦灌到作物根部。在德青源沼气工程附近，有张山营镇西五里营村和前黑龙庙村，是延庆区有机葡萄种植专业村，早春用沼液灌溉代替基肥和灌溉用水，葡萄平时追肥时也使用沼液，沼液灌溉共涉及大田玉米近 2 000 亩，葡萄约 1 000 亩。每亩玉米和葡萄施用沼肥 25 m^3 左右，相当于投入尿素 60 kg、一级普钙 38 kg、氯化钾 10 kg，玉米与葡萄可以不施化肥或者施少量化肥，既节水也节肥。

2. 蔬菜沼液滴灌

采用北京市农林科学院沼液三级过滤灌溉系统，沼液从运到地头，在池中经过稀释与沉淀，经过过滤，用滴管管道输送到作物根部。延庆区共安装 14 套，惠及北菜园、茂源广发等 13 个蔬菜及水果园区，每年消纳沼液近 10 000 m^3，四季施用，春夏秋季为主。其中，小丰营北菜园蔬菜园区每套灌溉面积 150 亩（温室与春秋棚交替使用），3 套沼液滴灌系统每年消纳沼肥 1 500~2 000 m^3（每亩 10~15 m^3）；其他 11 个园区每套沼液三级过滤滴灌系统灌溉面积 80~100 亩，共涉及蔬菜 1 000 亩，11 套滴灌系统每年可消纳沼液 7 000~8 000 m^3（主要是春秋棚，每亩每年施用沼液 70~80 m^3）。

3. 苗木混灌

延庆镇东卓家营村苗木园区有 2 000 亩苗木园区，建设 4 套沼肥和水混灌系统，每套系统建有 100 m^3 沼肥池，安装有混灌系统，配备机井，沼液与水以 1∶2 比例灌溉苗木，每年 3~10 月进行灌溉，每月灌溉 20 天，每天消耗沼液 140 m^3，年消耗沼液约 22 000 m^3。

十、主要作物施肥技术

作物高产、优质、高效目标的实现与土壤和肥料联系密切。作物生长发育所必需的 17 种营养元素，包括碳、氢、氧、氮、磷、钾、钙、镁、硫、铁、硼、锰、铜、锌、钼、氯和镍。在这 17 种营养元素中除了碳、氢、氧这 3 种之外，其他的作物必需的营养元素都是植物从土壤中吸收的。土壤是植物的“养分库”。但有些营养元素在土壤中的含量不能满足作物生长需要，需要通过施肥大量补充。

收获农产品时从土壤带走了大量养分，需要通过施肥补充这些养分。如果不补充或补充不足，土壤中养分就会枯竭，会限制作物生长，影响作物产量和品质。

测土配方施肥就是综合运用现代科学技术新成果，根据作物需肥规律、土壤供肥性能与肥料效应，产前制订作物的施肥方案和配套的农艺措施，获得高产高效，并维持土壤肥力，保护生态环境。

施肥方案包括：使用肥料种类（有机肥和化肥）、各种肥料合理用量、肥料使用时期、底追肥分配比例、施肥方式（撒施、沟施、穴施）等。施肥方案要根据具体地块的土壤特性、所种植作物的需肥规律、所用肥料的特点有针对性的制订。

施肥量要根据目标产量和土壤肥力而定。目标产量高，施肥量就大一些；目标产量低，就降低施肥量。土壤肥力高，土壤供应的养分量就多一些，可以少施肥，充分利用土壤养分；土壤肥力低，就应该多施一些肥。

以下内容介绍了延庆区主栽作物的需肥规律和施肥技术，具体地块制订施肥方案时可以参考。推荐的主要作物施肥量是中等肥力土壤、中等目标产量下的施肥量，种植户可以根据自家土壤肥力，调整作物的施肥量，做到科学合理施肥。

1. 春玉米施肥

需肥特点

玉米全生育期吸收的氮素最多，钾次之，磷较少。玉米在不同生育阶段，对氮、磷、钾的吸收是不同的。玉米对氮素的吸收，苗期占总量的9.7%，拔节孕穗期占76.19%，在抽穗受精前，已吸收总氮量的85%。玉米对磷素的吸收苗期占10.16%，拔节孕穗期占62.96%，抽穗受精期吸收17.37%，籽粒形成期吸收9.51%，表明70%的磷素在抽穗前已被吸收。玉米对钾素的吸收，

70%以上在抽穗前已被吸收，剩下30%在抽穗受精时吸收，因此，钾肥一般要在生育前

期施用。利用秸秆直接还田做玉米基肥具有良好效果，土壤肥力较低的土壤，施秸秆时应配合少量氮肥，以调节碳氮比，加速秸秆腐解。

施肥技术

常规施肥：有机肥做基肥，氮肥、钾肥分基肥和两次追肥，磷肥全部做基肥，化肥和农家肥（或商品有机肥）混合施用，推荐施用长效肥，提倡秸秆还田培肥地力。常规施肥推荐量见表4。在深秋如果翻地，这时基肥的有机肥也可以随着翻地施入，基肥的化肥可以开春播种开沟施入。

表4　春玉米推荐施肥量

单位：kg/亩

肥料品种	基肥推荐方案		
	低肥力	中肥力	高肥力
农家肥	2 000~2 500	1 500~2 000	1 000~1 500
或商品有机肥	700~750	300~500	200~400
磷酸二铵	13~15	13~15	13~15
尿素	6~7	6~7	6~7
或硫铵	14~16	14~16	14~16
或氯化钾 (60%)	4~6	4~6	4~6

追肥方案						
施肥时期	低肥力		中肥力		高肥力	
	尿素	硫酸钾	尿素	硫酸钾	尿素	硫酸钾
小喇叭口期	15~17	8~9	15~17	8~9	15~18	8~9
大喇叭口期	9~10	5~6	9~10	5~6	9~11	5~6

专用肥施肥：有条件地块可选用专用肥替代普通化肥，省工省时。在常规施用有机肥的基础上，亩施玉米专用肥（24-10-11或20-10-15）35~40 kg，小喇叭口期追施尿素20~25 kg；或底施缓释肥（26-9-10）40~45 kg，大喇叭口期追施尿素10~15 kg。

2. 谷子施肥

需肥特点

谷子属于耐瘠薄作物，但要获得较高的产量，必须满足谷子对养分的需要。在谷子整个生育期中，对氮素需要量较多，在幼苗期吸收氮量占全生育期的2%~4%，拔节期到孕穗期吸收量占全生育期的60%~80%，开花期到成熟期吸氮9%~30%，且在不同的产量水平下，谷子吸收氮的差异明显。土壤氮素供应充足，植株生长快，叶片功能期延长，光合作用较强，干物质积累多，因而产量较高。磷素能促进和调节谷子的生长发育，磷素充足，可增强抗旱、抗寒能力，减少秕粒，增加千粒重，促进早熟。谷子对钾的吸收能力也较强，体内含钾量也较高，有增加茎秆韧性和抗倒伏、抗病虫害的作用。因此，在谷子施肥中，应注意氮、磷、钾施肥水平协调与配合。

施肥技术

常规施肥：有机肥做基肥，氮肥、钾肥分基肥和两次追肥，磷肥全部做基肥，化肥和农家肥（或商品有机肥）混合施用，推荐施用长效肥。常规施肥推荐量见表5。

表5　谷子推荐施肥量

单位：kg/亩

肥料品种	基肥推荐方案		
	低肥力	中肥力	高肥力
农家肥	2 000~2 500	1 500~2 000	1 000~1 500
或商品有机肥	400~500	300~400	200~300
磷酸二铵	11~13	9~11	7~9
尿素	11~13	10~11	9~10
或硫铵	24~27	21~24	18~21
硫酸钾 (50%)	7~8	6~7	5~6
或氯化钾 (60%)	6~7	5~6	4~5

续表

追肥方案						
施肥时期	低肥力		中肥力		高肥力	
	尿素	硫酸钾	尿素	硫酸钾	尿素	硫酸钾
拔节期	15~18	7~8	13~16	6~7	11~13	5~6

根外追肥：谷子开花后灌浆期可以进行根外追肥，可用0.5%~1%的尿素溶液、0.2%~0.3%的磷酸二氢钾溶液、0.1%~0.2%硼砂水溶液叶面喷施，连续喷施1~2次，以补充微量元素的不足。

3. 大豆施肥

需肥特点

大豆自身有固氮作用，生长发育所需养分由根瘤菌固定空气中的氮素供给和从土壤中吸收。固氮作用高峰集中于开花至鼓粒期，开花前和鼓粒后期固氮能力均较弱。大豆不同生育阶段需肥量有差异。开花至鼓粒期是大豆吸收养分最多的时期，开花前和鼓粒后吸收养分较少。钼在氮素转化过程中有重要作用，大豆应适量施用钼肥。大豆施肥要多施有机肥，不仅有利于大豆生长发育，而且有利于根瘤菌的繁殖和根瘤的形成，增强固氮能力。中等以下肥力的田块，适时适量施用氮肥有较好的增产效果，高肥田可少施或不施氮肥，薄地用少量氮肥作种肥效果更好，有利于大豆壮苗和花芽分化，但种肥用量要少，氮要做到肥种隔离，以免烧种。大豆需增施磷、钾肥，磷肥在土壤中的移动性差，所以磷肥宜做基肥或种肥早施。缺钾土壤还应施好钾肥。

施肥技术

常规施肥：有机肥做基肥，氮肥、钾肥分基肥和追肥两次施，磷肥全部做基肥，化肥和农家肥（或商品有机肥）混合施用，推荐接种根瘤菌。不同肥力水平、不同目标产量的具体施肥量参照表6。

表 6 大豆推荐施肥量

单位：kg/ 亩

肥料品种	基肥推荐方案		
	低肥力	中肥力	高肥力
农家肥	1 500~2 000	1 000~1 500	1 000~1 500
或商品有机肥	750~1 000	400~500	300~400
磷酸二铵	11~13	9~11	9~11
尿素	4~5	3~4	0~3
或硫铵	8~10	6~8	0~6
硫酸钾 (50%)	7~8	6~7	5~6
或氯化钾 (60%)	6~7	5~6	4~5

追肥方案						
施肥时期	低肥力		中肥力		高肥力	
	尿素	硫酸钾	尿素	硫酸钾	尿素	硫酸钾
开花期	8~10	7~8	6~8	6~7	5~6	5~6

专用肥施肥：有条件地块可选用专用肥替代普通化肥，省工省时。在常规施用有机肥的基础上，亩施大豆专用肥（17–13–15 或 20–10–15）30~35 kg，开花期追施尿素 10 kg 左右；或底施缓释肥（26–9–10）20~25 kg。

根外施肥：大豆进入花荚期叶面喷肥可延长叶片的功能期，且肥料利用率很高，对鼓粒结实作用明显。每亩可用磷酸二氢钾 0.2~0.3 kg，对水 50~60 kg 喷施，微量元素不足时可叶面喷施 0.2% 硫酸锌水溶液或 0.2% 硼砂水溶液或 0.5% 钼酸铵水溶液。从结荚开始每 7~10 天喷 1 次，连喷 2~3 次。如果已用钼酸酸铵拌种，后期可不再喷钼。

4. 甘薯施肥

需肥特点

甘薯对氮、磷、钾三要素的需求量，以钾最多、氮次之、磷又次之。甘薯喜钾，增施钾肥对产量和品质均有明显作用。甘薯苗期吸收养分少，从分枝结薯期到茎叶旺盛生长期，吸收养分速度加快，吸收数量增多，接近后期逐渐减少，至薯块迅速膨大期，氮、磷的吸收量下降，而钾的吸收量保持较高水平。缺氮，老叶首先呈现缺绿，叶片数、分枝数减少，叶片缩小，节间缩短，叶片容易发黄早衰，严重影响产量。缺磷，会造成叶片变小，呈暗绿色，失去光泽，茎蔓伸长受阻，老叶出现大片黄斑，变紫色，不久即会脱落。缺钾则表现为叶小，节间和叶柄变短，叶色暗绿，后期叶的背面出现褐色斑点。甘薯忌氯，氯会使薯块淀粉含量降低，且薯块不耐贮藏，一般不用氯化钾，而用硫酸钾。

施肥技术

常规施肥：有机肥做基肥，氮、钾肥分基肥和 2 次追肥，磷肥全部做基肥，推荐施用长效肥。不同肥力水平、不同目标产量的具体施肥量参照表 7。

表 7　甘薯推荐施肥量

单位：kg/ 亩

肥料品种	基肥推荐方案		
	低肥力	中肥力	高肥力
农家肥	1 500~2 000	1 000~1 500	1 000~1 500
或商品有机肥	500~750	400~500	300~350
磷酸二铵	15~20	13~17	11~15
尿素	4~5	4~5	3~4
或硫铵	9~12	9~12	7~9
硫酸钾 (50%)	6~7	5~7	5~6

追肥方案						
施肥时期	低肥力		中肥力		高肥力	
	尿素	硫酸钾	尿素	硫酸钾	尿素	硫酸钾
薯块膨大期	16~19	12~15	14~16	11~13	12~14	9~11

专用肥施肥：有条件地块可选用专用肥替代普通化肥，省工省时。在常规施用有机肥的基础上，亩施甘薯专用肥（24–10–11 或 15–15–15）30~35 kg, 薯块膨大期追施尿素 15~20 kg; 或底施缓释肥（26–9–10）45~40 kg。

根外施肥：甘薯生长中后期，一般采用根外追肥，用 0.5% 的尿素稀释液或 0.2% 的磷酸二氢钾溶液等叶面喷雾。6~7 天喷一次，喷 2~3 次。

5. 葡萄施肥

需肥特点

葡萄生长发育需要氮、磷、钾、钙、硼、镁、铁、锌等多种元素。氮对提高产量有重要作用，需氮量最大的时期是从萌芽展叶至开花期前后直至幼果膨大期。磷对促进浆果成熟、提高果实品质有明显效果，需磷量最大时期是幼果膨大期至浆果着色成熟期。钾能够促进根系生长和枝条充实，提高和增加浆果的含糖量、风味、色泽、成熟度和耐贮性。需钾量最大是幼果膨大期至浆果着色成熟期，且在整个生长期内都吸收钾，随着浆果膨大、着色直至成熟，对钾的吸收量明显增加。因此整个果实膨大期应增施钾肥。葡萄种植过程中，叶子落到田间，会归还一定量的养分。

施肥技术

常规施肥：有机肥做基肥，氮、钾肥分基肥和 2 次追施，磷肥全部基施。不同肥力水平、不同目标产量的具体施肥量参照表 8。

表 8　葡萄推荐施肥量

单位：kg/ 亩

肥料品种	基肥推荐方案		
	低肥力	中肥力	高肥力
农家肥	1 500~2 000	1 000~1 500	1 000~1 500
或商品有机肥	500~750	400~500	300~400
磷酸二铵	15~17	13~15	10~13
尿素	3~5	3~5	3~5
或硫铵	6~10	6~10	6~10
硫酸钾 (50%)	6~7	5~6	4~5

续表

施肥时期	追肥方案					
	低肥力		中肥力		高肥力	
	尿素	硫酸钾	尿素	硫酸钾	尿素	硫酸钾
开花前	12~14	8~9	10~12	7~8	8~10	6~8
幼果膨大期	8~10	6	5~8	4~6	5~8	4~5

专用肥施肥：有条件地块可选用专用肥替代普通化肥，省工省时。在常规施用有机肥的基础上，基肥施专用肥（20–15–10）20~25 kg/ 亩，开花前施专用肥（18–5–22）15~20 kg/ 亩，果实膨大期施专用肥（18–5–22）10~15 kg/ 亩。

根外追肥：开花前喷 0.2%~0.5% 的硼砂溶液能提高坐果率。坐果后到成熟前喷 3~4 次 0.3% 的磷酸二氢钾、0.05%~0.1% 硫酸锰溶液有提高产量、增进品质的效果。对缺铁失绿葡萄，重复喷施缺铁可用 0.3% 硫酸亚铁与 0.5% 尿素的混合液，有良好效果。

6. 苹果施肥

需肥特点

苹果树对养分的需求主要是氮和钾，成年果树对养分的需求量从萌芽至采收一直是高而稳，施肥前期应以氮、磷为主，钾为辅；中期磷、钾为主，氮为辅；后期钾为主，氮磷为辅。合理施氮，有增加枝叶数量，增强树势和提高产量的作用。磷、钾能促进根系的生长发育，增加叶片中的光合产物向茎、根、果等部位协同运输。合理施用硼、锌、铁等微量元素肥料对苹果树生长发育也有重要作用。

施肥技术

常规施肥：有机肥做基肥，氮、钾肥分基肥和 2 次追施，磷肥全部基施。不同肥力水平、不同目标产量的具体施肥量参照表 9。

表9　苹果推荐施肥量

单位：kg/ 亩

肥料品种	基肥推荐方案		
	低肥力	中肥力	高肥力
农家肥	1 500~2 000	1 000~1 500	1 000~1 500
或商品有机肥	500~750	400~500	300~400
磷酸二铵	13~15	11~13	9~11
尿素	3~5	3~5	3~5
或硫铵	6~10	6~10	6~10
硫酸钾 (50%)	5~7	5~6	4~5
或氯化钾 (60%)	4~6	4~5	3~4

追肥方案						
施肥时期	低肥力		中肥力		高肥力	
	尿素	硫酸钾	尿素	硫酸钾	尿素	硫酸钾
萌芽期	7~8	8~9	5~7	7~8	4~6	6~8
果实膨大期	3~5	5~6	3~5	4~6	3~5	4~5

专用肥施肥：有条件地块可选用专用肥替代普通化肥，省工省时。9 月下旬秋施基肥，在常规施用有机肥的基础上，施用专用肥（20–15–10）25~30 kg/ 亩，果实膨大期施专用肥（18–5–22）20~25 kg/ 亩，果实采收后施专用肥（20–15–10）10~15 kg/ 亩。

根外施肥：初花期喷施 0.2%~0.3% 硼砂可提高坐果率，果实膨大期喷施 0.2%~0.3% 的硝酸钙可以提高果实的硬度，缺锌可叶面喷施 0.1%~0.2% 的硫酸锌，缺铁可用 0.3% 硫酸亚铁与 0.5% 尿素的混合液喷施，缺钾可喷施 0.2%~0.3% 磷酸二氢钾 2~3 次。

7. 板栗施肥

需肥特点

板栗树在生长发育中，对氮、磷、钾的需要量大，氮素的吸收从早春根系活动开始，随着发芽、展叶、开花、新梢生长、果实膨大，吸收量逐渐增加，直到采收前还在上升，采收后开始下降，到休眠期停止吸收。磷素在开花前吸收很少，磷素促进新生根的发生和生长，促进花芽分化和果实发育，提高产量和品质，增强抗逆能力。钾素能促进果实成熟，

提高坚果的品质和耐藏性，并促进枝条的加粗生长和机械组织形成，同时提高板栗树抗旱、抗寒以及抗高温和抗病虫害的能力。板栗树在开花前吸收钾很少，开花后迅速增加，从果实膨大期到采收期吸收最多，因此，钾肥的重要时期是果实膨大期。进入盛果期后，板栗树对氮、磷、钾需要量增大，它们即成为影响产量的直接因子。

施肥技术

常规施肥：板栗树施肥以有机肥做基肥，氮、钾肥分基肥和追施，磷肥全部基施，化肥和有机肥混合施用。基肥在秋季采取环状沟或放射沟施入；果实膨大期追肥，可促进果实饱满，提高产量。不同土壤肥力、不同目标产量下板栗施肥量见表 10。

表 10　板栗推荐施肥量

单位：kg/ 亩

肥料品种	基肥推荐方案		
	低肥力	中肥力	高肥力
农家肥	1 500~2 000	1 000~1 500	1 000~1 500
或商品有机肥	500~750	400~500	300~400
磷酸二铵	13~15	11~13	9~11
尿素	3~5	3~5	3~5
或硫铵	6~10	6~10	6~10
硫酸钾 (50%)	5~6	4~5	4~5
或氯化钾 (60%)	4~5	3~4	3~4

追肥方案						
施肥时期	低肥力		中肥力		高肥力	
	尿素	硫酸钾	尿素	硫酸钾	尿素	硫酸钾
萌芽期	7~8	4~6	6~8	4~5	5~7	3~4
果实膨大期	9~10	7~8	7~8	6~8	7~8	5~7

根外施肥：基部叶片转绿期，叶面喷施 0.1% 磷酸二氢钾 +0.2% 尿素，可促进叶片肥厚，浓绿。果实膨大期喷施 0.2% 磷酸二氢钾，可增大单粒重。在生长期的 5~7 月，可用 0.05% 硫酸锰和 0.05% 硫酸镁混喷以补充板栗对锰及其他微量元素的需求。在花期喷施 0.2%~0.3% 硼砂溶液对解决板栗空苞具有一定的作用，但干旱年份慎用硼肥。

8. 番茄施肥

需肥特点

春茬番茄养分吸收主要在中后期，而秋茬番茄则集中在前中期。番茄定植后，各个时期吸收的氮、钾量均大于吸磷量。春秋茬番茄苗期对养分的吸收量较少，秋茬养分吸收比例比春茬高。定植后 20~40 天，养分吸收速率明显加快，吸收量增加。此期秋茬的吸收量明显高于春茬，且吸钾量较高。盛果期，春茬番茄对养分的吸收量达到高峰，而秋茬对养分吸收的速率下降。在生育末期，春茬吸收氮、磷、钾的量高于秋茬。现在北京地区番茄采用落秧换头等新技术，番茄生产时期延长，收获的产量也成倍增长。

施肥技术

常规施肥：有机肥做基肥，氮、钾肥分基肥和 3 次追肥施用，磷肥全部做基肥，化肥和农家肥（或商品有机肥）混合施用。不同肥力水平、不同目标产量的具体施肥量参照表 11，这是一般栽培形式下施肥，如果采用落秧换头等新技术，施肥量应增加。

表 11　番茄推荐施肥量

单位：kg/ 亩

肥料品种	基肥推荐方案		
	低肥力	中肥力	高肥力
农家肥	3 500~4 000	3 000~3 500	2 500~3 000
或商品有机肥	750~1 000	500~750	350~500
磷酸二铵	15~17	13~15	11~13
尿素	5~6	4~5	3~4
或硫铵	10~12	8~10	6~8
硫酸钾 (50%)	7~8	7~8	7~8
或氯化钾 (60%)	6~7	6~7	6~7

追肥方案						
施肥时期	低肥力		中肥力		高肥力	
	尿素	硫酸钾	尿素	硫酸钾	尿素	硫酸钾
一穗果膨大期	8~10	5~6	8~10	5~6	7~10	5~6
二穗果膨大期	12~14	6~8	11~13	6~8	10~13	6~8
三穗果膨大期	7~8	5~6	7~8	5~6	7~8	5~6

专用肥施肥：有条件地块可选用专用肥替代普通化肥，省工省时。在常规施用有机肥的基础上，亩基施果类蔬菜专用配方肥（18–9–18）20~25 kg，第一次追肥在一穗果膨大期亩施果类专用肥（20–6–10）15 kg，第二次追肥在第二穗果膨大期亩施果类专用肥（14–4–18）20 kg，硝酸钙 10 kg；第三次追肥在第三穗果膨大期亩施果类专用肥（14–4–18）8 kg，硝酸钙 10 kg。

根外追肥：第一穗果至第三穗果膨大期，叶面喷施 0.3%~0.5% 的尿酸或磷酸二氢钾或 0.5%~0.8% 的硝酸钙水溶液或微量元素肥料 2~3 次。

设施番茄还可使用二氧化碳吊袋肥，促进番茄光合作用，提高产量。

9. 黄瓜施肥

需肥特点

生育前期养分需求量较小，氮的吸收量只占全生育期氮素吸收总量的 6.5%。随生育期的推进，养分吸收量显著增加，到结瓜期时达到吸收高峰。在结瓜盛期的20多天内，黄瓜吸收的氮、磷、钾量要分别占吸收总量的50%、47%和48%。到结瓜后期，生长速度减慢，养分吸收量减少，其中以氮、钾减少较为明显。

施肥技术

常规施肥：有机肥做基肥，氮、钾肥分基肥和3~4次追肥，每次追肥量平均分配，磷肥全部做基肥，化肥和农家肥（或商品有机肥）混合施用。不同肥力水平、不同目标产量的具体施肥量参照表12，这是一般栽培形式下施肥，如果采用落秧换头等新技术，施肥量应增加。

表12　黄瓜推荐施肥量

单位：kg/亩

肥料品种	基肥推荐方案		
	低肥力	中肥力	高肥力
农家肥	3 500~4 000	3 000~3 500	2 500~3 000
或商品有机肥	750~1 000	500~750	350~500
磷酸二铵	13~15	11~13	9~11
尿素	3~5	3~5	3~5
或硫铵	6~10	6~10	6~10
硫酸钾 (50%)	4	4	4
或氯化钾 (60%)	3	3	3

追肥方案						
施肥时期	低肥力		中肥力		高肥力	
	尿素	硫酸钾	尿素	硫酸钾	尿素	硫酸钾
根瓜收获期	7~8	5~6	7~8	5~6	7~8	5~6
盛瓜前期	8~10	5~6	8~10	5~6	8~10	5~6
盛瓜中期	7~8	5~6	7~8	5~6	7~8	5~6

专用肥施肥：有条件地块可选用专用肥替代普通化肥，省工省时。在常规施用有机肥的基础上，亩底施果类蔬菜专用配方肥（18–9–18）15~20 kg，第一次在根瓜膨大期亩追施果类专用肥（20–6–10）15 kg；第二次在根瓜收获期亩追施果类专用肥（14–4–18）15 kg, 硝酸钾 8 kg，以后每 6~8 天亩追施专用追肥（14–4–18）5~8 kg。

根外追肥：为了补充微量元素的不足和促进作物生长，可在结瓜期叶面喷施 0.5% 磷酸二氢钾或 0.1% 硼砂或多元素微肥 2~3 次。设施冬春季黄瓜可使用二氧化碳吊袋肥。

设施黄瓜还可使用二氧化碳吊袋肥，促进黄瓜光合作用，提高产量。

10. 茄子施肥

需肥特点

茄子对氮、磷、钾的吸收量，随着生育期的延长而增加。各生育期对养分的要求不同，生育初期的肥料主要是促进植株的营养生长，随着生育期的进展，养分向花和果实的输送量增加。在盛花期，氮和钾的吸收量显著增加，这个时期如果氮素不足，花发育不良，短柱花增多，产量降低。

施肥技术

常规施肥：有机肥做基肥，氮、钾肥分基肥和 2 次追肥，磷肥全部做基肥，化肥和农家肥（或商品有机肥）混合施用。不同肥力水平、不同目标产量的具体施肥量参照表 13，这是一般栽培形式下施肥，如果采用落秧换头等新技术，施肥量应增加。

表 13　茄子推荐施肥量

单位：kg/ 亩

肥料品种	基肥推荐方案		
	低肥力	中肥力	高肥力
农家肥	3 500~4 000	3 000~3 500	2 500~3 000
或商品有机肥	750~1 000	500~750	350~500
磷酸二铵	11~13	9~11	7~9
尿素	5	5	4~5
或硫铵	12	12	9~12
硫酸钾 (50%)	7~9	6~8	5~7
或氯化钾 (60%)	6~8	5~7	4~6

追肥方案						
施肥时期	低肥力		中肥力		高肥力	
	尿素	硫酸钾	尿素	硫酸钾	尿素	硫酸钾
对茄膨大期	11~13	9~10	9~11	7~9	8~9	6~8
四母斗膨大期	11~13	9~10	9~11	7~9	8~9	6~8

专用肥施肥：有条件地块可选用专用肥替代普通化肥，省工省时。在常规施用有机肥的基础上，亩底施果类蔬菜专用配方肥（18–9–18）15~20 kg，第一次追肥门茄膨大期亩施果类专用肥（20–6–10）15 kg；第二次追肥在对茄膨大期亩施果类专用肥（14–4–18）20 kg, 硝酸钙 10 kg，第三次追肥在四母斗膨大期亩施果类专用肥（14–4–18）15 kg。

设施茄子还可使用二氧化碳吊袋肥，促进茄子光合作用，提高产量。

11. 甜椒施肥

需肥特点

甜椒对养分的吸收主要集中在结果期。对氮的吸收随生育期逐步提高，在结果期以前，主要分布在茎叶中。对磷的吸收随生育进展而增加，但吸收量变化的幅度较小。对钾的吸收在生育初期较少，从果实采收初期开始，吸收量明显增加，一直持续到结束。钙的吸收也随生育期的进展而增加，镁的吸收峰值出现在采果盛期，生育初期吸收较少。

施肥技术

常规施肥：有机肥做基肥，氮、钾肥分基肥和 3 次追肥，施肥比例为 2 ∶ 3 ∶ 3 ∶ 2，磷肥全部做基肥，化肥和农家肥（或商品有机肥）混合施用。不同肥力水平、不同目标产量的具体施肥量参照表 14。

表 14 甜椒推荐施肥量

单位：kg/ 亩

肥料品种	基肥推荐方案		
	低肥力	中肥力	高肥力
农家肥	2 500~3 000	2 000~2 500	1 500~2 000
或商品有机肥	750~1 000	500~750	350~500
磷酸二铵	13~15	11~13	9~11
尿素	6	5~6	5~6
或硫铵	14	12~14	12~14
硫酸钾 (50%)	7~8	7~8	7~8
或氯化钾 (60%)	6~7	6~7	6~7

追肥方案						
施肥时期	低肥力		中肥力		高肥力	
	尿素	硫酸钾	尿素	硫酸钾	尿素	硫酸钾
门椒膨大期	7~8	5~6	7~8	5~6	7~8	5~6
对椒膨大期	9~11	6~8	9~10	6~8	8~9	6~8
四母斗膨大期	7~8	5~6	7~8	5~6	6~7	5~6

专用肥施肥：有条件地块可选用专用肥替代普通化肥，省工省时。在常规施用有机肥的基础上，亩底施果类蔬菜专用配方肥（18–9–18）15~20 kg，第一次追肥门椒膨大期亩施果类专用肥（20–6–10）15 kg；第二次追肥在对椒膨大期亩施果类专用肥（14–4–18）20 kg, 硝酸钙 10 kg，第三次追肥在四母斗膨大期亩施果类专用肥（14~4~18）15 kg。

根外追肥：缺钾地区可在辣椒膨大期叶面喷施 0.2%~0.5% 磷酸二氢钾水溶液补充钾肥，出现缺钙、缺镁或缺硼症状时，可叶面喷施 0.3% 的氯化钙、1% 的硫酸镁或 0.1%~0.2% 的硼砂水溶液 2~3 次。

设施甜椒还可使用二氧化碳吊袋肥，促进甜椒光合作用，提高产量。

12. 大白菜施肥

需肥特点

大白菜生育期长，产量高，养分需求量极大，对钾的吸收量最多，其次是氮、钙，磷、镁。总的需肥特点是：苗期吸收养分较少，莲座期明显增多，包心期吸收养分最多。充足的氮素营养对促进形成肥大的绿叶和提高光合效率具有特别重要的意义，如果后期磷、钾供应不足，不易结球。大白菜是喜钙作物，在不良的环境条件下发生生理缺钙时，往往会出现干烧心病，严重影响大白菜的产量和品质。

施肥技术

常规施肥：有机肥做基肥，氮、钾肥分基肥和 2 次追肥，磷肥全部做基肥，化肥和农家肥（或商品有机肥）混合施用。不同肥力水平、不同目标产量的具体施肥量参照表 15。

表 15　大白菜推荐施肥量

单位：kg/ 亩

肥料品种	基肥推荐方案		
	低肥力	中肥力	高肥力
农家肥	2 500~3 000	2 000~2 500	1 500~2 000
或商品有机肥	750~1 000	500~750	350~500
磷酸二铵	13~15	11~13	9~11
尿素	5~6	5~6	5~7
或硫铵	12~14	12~14	12~16

续表

施肥时期	低肥力		中肥力		高肥力	
硫酸钾 (50%)	6~7		6~7		6~7	
或氯化钾 (60%)	5~6		5~6		5~6	
追肥方案						
施肥时期	低肥力		中肥力		高肥力	
	尿素	硫酸钾	尿素	硫酸钾	尿素	硫酸钾
莲座期	12~14	8~10	12~14	8~10	12~15	8~10
包心初期	9~11	6~7	9~11	6~7	9~12	6~7

专用肥施肥：有条件地块可选用专用肥替代普通化肥，省工省时。在常规施用有机肥的基础上，亩底施叶类蔬菜专用配方肥（20–10–15）20~25 kg，莲座期追施叶类专用肥（20–6–10）10~15 kg，包心初期亩追施专用肥（20–6–10）10 kg，硝酸钙 5~8 kg，包心中期追施尿素 10 kg。

根外追肥：在生长期喷施 0.3% 的氯化钙溶液或 0.25%~0.50% 的硝酸钙溶液，可降低干烧心发病率。在结球初期喷施 0.5%~1.0% 的尿素或 0.2% 的磷酸二氢钾溶液，可提高大白菜的净菜率，提高商品价值。

13. 结球甘蓝施肥

需肥特点

结球甘蓝的生育期不同，对氮、磷、钾等养分的吸收量不同。从播种到开始结球，生长量逐渐增大，氮、磷、钾的吸收量也逐渐增加，此期氮、磷的吸收量为总吸收量的 15%~20%，而钾的吸收量较少，为 6%~10%，开始结球后，养分吸收量迅速增加，氮、磷的吸收量占总吸收量的 80%~85%，而钾的吸收量最多，占总吸收量的 90%。

施肥技术

常规施肥：有机肥做基肥，氮、钾肥分基肥和 3 次追肥，磷肥全部做基肥，化肥和农家肥（或商品有机肥）混合施用。不同肥力水平、不同目标产量的具体施肥量参照表 16。

表 16　结球甘蓝推荐施肥量

单位：kg/ 亩

肥料品种	基肥推荐方案		
	低肥力	中肥力	高肥力
农家肥	2 000~2 500	2 000~2 500	1 000~2 000
或商品有机肥	750~1 000	500~750	3500~500
磷酸二铵	13~15	11~13	9~11
尿素	5~6	4~5	4~5
或硫铵	12~14	9~12	9~12
硫酸钾 (50%)	6~8	5~7	4~5
或氯化钾 (60%)	5~7	4~6	3~4

追肥方案						
施肥时期	低肥力		中肥力		高肥力	
	尿素	硫酸钾	尿素	硫酸钾	尿素	硫酸钾
莲座期	8~9	4~5	7~8	3~5	6~8	3~4
结球初期	11~13	6~7	10~12	4~6	8~11	4~5
结球中期	8~9	4~5	7~8	3~5	6~8	3~4

专用肥施用：有条件地块可选用专用肥替代普通化肥，省工省时。在常规施用有机肥的基础上，亩底施蔬菜专用配方肥（20–10–15）25~30 kg，莲座期专用肥（20–6–10）10 kg，结球初期亩施专用肥（20–6–10）15 kg，结球中期追施尿素 10~15 kg。

根外追肥：在结球初期可叶面喷施 0.2% 的磷酸二氢钾溶液及中、微量元素肥料，缺硼或缺钙情况下，可在生长中期喷 2~3 次 0.1 %~0.2% 硼砂溶液，0.3%~0.5% 的氯化钙或硝酸钙溶液。

14. 结球生菜施肥

需肥特点

结球生菜生长迅速，喜氮肥，生长初期吸肥量较小，在播后70~80天进入结球期，养分吸收量急剧增加，在结球期的一个月里，氮的吸收量可以占到全生育期的80%以上。磷、钾的吸收与氮相似，尤其是钾的吸收，不仅吸收量大，而且一直持续到收获。结球期缺钾，严重影响叶片增重。幼苗期缺磷对生长影响最大。

施肥技术

常规施肥：有机肥做基肥，氮、钾肥分基肥和2次追肥，磷肥全部做基肥。化肥和农家肥（或商品有机肥）混合施用。不同肥力水平、不同目标产量的具体施肥量参照表17。

表17 结球生菜推荐施肥量

单位：kg/亩

肥料品种	基肥推荐方案		
	低肥力	中肥力	高肥力
农家肥	2 000~2 500	2 000~2 500	1 000~2 000
或商品有机肥	750~1 000	500~750	3500~500
磷酸二铵	13~15	11~13	9~11
尿素	4~5	4~5	3~4
或硫铵	9~12	9~12	7~9
硫酸钾 (50%)	7~8	7~8	6~7
或氯化钾 (60%)	6~7	6~7	5~6

续表

追肥方案						
施肥时期	低肥力		中肥力		高肥力	
	尿素	硫酸钾	尿素	硫酸钾	尿素	硫酸钾
莲座期	12~14	9~10	11~14	8~9	10~12	7~9
结球初期	12~14	9~10	11~14	8~9	10~12	7~9

专用肥施肥：有条件地块可选用专用肥替代普通化肥，省工省时。在常规施用有机肥的基础上，亩底施蔬菜专用配方肥（20–10–15）15~20 kg，莲座期专用肥（20–6–10）10 kg，结球初期亩施专用肥（20–6–10）15 kg，结球中期追施尿素 10~15 kg，硝酸钙 5~8 kg。

根外追肥：莲座期叶面喷施 1% 硝酸钙溶液，连续喷施 3 次，每隔 7 天喷施 1 次，莲座期结束后停止喷施。

15. 花椰菜施肥

需肥特点

花椰菜由于生长期长，对养分需求量大，需要量最多的是氮和钾，特别是叶簇生长旺盛时期需氮肥更多，花球形成期需磷比较多。现蕾前，要保证磷、钾营养的充分供应。另外，花椰菜对硼、镁、钙、钼的需要量也较大，因此，在保证氮、磷、钾肥供应的基础上应适量施用硼、镁等微量元素。

施肥技术

常规施肥：有机肥做基肥，根据作物品种和土壤肥力适当调整施肥量，氮、钾肥分基肥和 3 次追肥，磷肥全部做基肥，化肥和农家肥（或商品有机肥）混合施用。不同肥力水平、不同目标产量的具体施肥量参照表 18。

表 18　花椰菜推荐施肥量

单位：kg/ 亩

肥料品种	基肥推荐方案		
	低肥力	中肥力	高肥力
农家肥	3 000~3 500	2 500~3 000	2 000~2 500
或商品有机肥	750~1 000	500~750	300~500
磷酸二铵	15~17	13~15	11~13
尿素	6~7	6	5~6
或硫铵	14~16	14	12~14
硫酸钾 (50%)	8~10	7~8	6~7
或氯化钾 (60%)	7~8	6~7	5~6

追肥方案						
施肥时期	低肥力		中肥力		高肥力	
	尿素	硫酸钾	尿素	硫酸钾	尿素	硫酸钾
莲座期	11~12	5~7	10~11	5~6	9~10	4~5
花球初期	15~16	7~9	13~15	6~8	12~14	6~7
花球中期	11~12	5~7	10~11	5~6	9~10	4~5

专用肥施肥：有条件地块可选用专用肥替代普通化肥，省工省时。在常规施用有机肥的基础上，亩底施叶类蔬菜专用配方肥（20–10–15）25~30 kg，莲座期追施叶类专用肥（20–6–10）10 kg，结球初期亩追施专用肥（20–6–10）15 kg，硝酸钙 5~8 kg，结球中期追施尿素 10 kg。

根外追肥：土壤缺硼可在花球形成初期和中期叶面喷施 0.1%~0.2% 硼砂溶液，土壤缺镁可叶面喷施 0.2%~0.4% 硫酸镁溶液 1~2 次。

16. 芹菜施肥

需肥特点

秋播芹菜营养生长盛期养分吸收

量高，此期芹菜对氮、磷、钾、镁、钙五要素的吸收量占总吸收量的84%以上。芹菜需氮量最高，钙、钾次之，磷、镁最少。芹菜对硼的需要量也很大，在缺硼的土壤或由于干旱低温抑制硼吸收时，叶柄易横裂，即“茎折病”，严重影响产量和品质。

施肥技术

常规施肥：有机肥做基肥，磷肥全部做基肥，化肥和农家肥（或商品有机肥）混合施用。不同肥力水平、不同目标产量的具体施肥量参照表19。

表19　芹菜推荐施肥量

单位：kg/亩

肥料品种	基肥推荐方案		
	低肥力	中肥力	高肥力
农家肥	3 000~3 500	2 500~3 000	2 000~2 500
或商品有机肥	1 000~1 500	750~1 000	500~750
磷酸二铵	13~15	11~13	9~11
尿素	4~5	4~5	4~5
或硫铵	9~12	9~12	9~12
硫酸钾(50%)	5~7	5~7	5~7
或氯化钾(60%)	4~6	4~6	4~6

追肥方案						
施肥时期	低肥力		中肥力		高肥力	
	尿素	硫酸钾	尿素	硫酸钾	尿素	硫酸钾
心叶生长期	7~8	3~5	7~8	3~5	7~8	3~5
旺盛生长初期	10~11	4~6	10~11	4~6	10~11	4~6
旺盛生长中期	7~8	3~5	7~8	3~5	7~8	3~5

专用肥施肥：有条件地块可选用专用肥替代普通化肥，省工省时。在常规施用有机肥的基础上，亩基施专用肥（20–10–15）25~30 kg，心叶生长期施专用肥（20–6–10）10 kg，旺盛生长初期施专用肥（20–6–10）15 kg，旺盛生长中期施尿素10 kg。

根外追肥：如发现心腐病，可用0.3%~0.5%硝酸钙或氯化钙进行叶面喷洒。叶面喷施硼肥可在一定程度上避免茎裂的发生，每次每亩喷施0.2%硼砂或硼酸溶液40~60 kg。

17. 草莓施肥

需肥特点

草莓生长需要氮、磷、钾及硼、镁、锌、铁、钙等多种微量元素。生长早期需磷，早中期大量需氮，整个生长期需钾。一般开始缺氮时特别是生长盛期，叶子逐渐由绿色向淡绿色转变，随着缺氮的加重叶片变成黄色，局部枯焦而且比正常叶略小。缺磷植株生长弱、发育缓慢、叶色带青铜暗绿色，缺磷加重时，上部叶片外观呈现紫红的斑点，较老叶片也有这种特征，缺磷植株上的花和果比正常植株小。缺钾的症状常发生于新成熟的上部叶片，叶片边缘常出现黑色、褐色和干枯继而为灼伤，老叶片受害严重，缺钾草莓的果实颜色浅、味道差。

施肥技术

常规施肥：有机肥做基肥，氮、钾分基肥和 2 次追施，磷肥全部基施。不同肥力水平、不同目标产量的具体施肥量参照表 20。

表 20　草莓推荐施肥量

单位：kg/ 亩

肥料品种	基肥推荐方案		
	低肥力	中肥力	高肥力
农家肥	2 500~3 000	2 000~2 500	1 500~2 000
或商品有机肥	750~1 000	500~750	400~500
磷酸二铵	13~15	11~13	9~11
尿素	5~6	5~6	5~6
或硫铵	12~14	12~14	12~14
硫酸钾 (50%)	5~7	5~6	5~6
或氯化钾 (60%)	4~6	4~5	4~5

续表

施肥时期	追肥方案					
	低肥力		中肥力		高肥力	
	尿素	硫酸钾	尿素	硫酸钾	尿素	硫酸钾
萌芽期	9~10	5~6	9~10	4~6	9~10	4~6
浆果膨大期	12~13	8~9	11~13	7~8	11~13	7~8

专用肥施肥：有条件地块可选用专用肥替代普通化肥，省工省时。在常规施用有机肥的基础上，亩施草莓专用配方肥（18–9–18）15kg，萌芽期追施高氮水溶肥（26–12–12）5 kg，每 10~15 天滴溉 1 次，浆果膨大期每 10~15 天滴灌 1 次高氮高钾水溶肥（19–8–27）5 kg，坐果后补充 2~3 次全水溶性硝酸钙 5 kg。

根外追肥：花期前后叶面喷施 0.3% 尿素或 0.3% 磷酸二氢钾 3~4 次或 0.3% 硼砂，可以提高坐果率，并可改善果实品质，增加单果重。初花期和盛花期喷 0.2% 硫酸钙和 0.05% 硫酸锰（体积 1∶1），可提高产量及果实贮藏性能。

草莓还可使用二氧化碳吊袋肥，促进草莓光合作用，提高产量。

18. 菜豆施肥

需肥特点

矮生菜豆宜早期追肥，促发育，开花结果多，蔓性菜豆更应重视后期追肥，防止早衰，延长结果期，增加产量。土壤中钾含量低，施钾能明显影响菜豆的生长和产量。荚果成熟期，磷的吸收量逐渐增加而吸氮量逐渐减少，生育后期仍需吸收多量的氮肥。微量元素硼和钼对菜豆的生育和根瘤菌的活动有良好的作用，适量施用钼酸铵可以提高菜豆的产量和品质。

施肥技术

常规施肥：有机肥做基肥，氮、钾肥分基肥和2次追肥，磷肥全部做基肥。化肥和农家肥（或商品有机肥）混合施用。不同肥力水平、不同目标产量的具体施肥量参照表21。

表21　菜豆推荐施肥量

单位：kg/亩

<table>
<tr><th rowspan="2">肥料品种</th><th colspan="6">基肥推荐方案</th></tr>
<tr><th colspan="2">低肥力</th><th colspan="2">中肥力</th><th colspan="2">高肥力</th></tr>
<tr><td>农家肥</td><td colspan="2">2 000~2 500</td><td colspan="2">2 000~2 500</td><td colspan="2">1 500~2 000</td></tr>
<tr><td>或商品有机肥</td><td colspan="2">750~1 000</td><td colspan="2">500~750</td><td colspan="2">300~500</td></tr>
<tr><td>磷酸二铵</td><td colspan="2">13~15</td><td colspan="2">11~13</td><td colspan="2">9~11</td></tr>
<tr><td>尿素</td><td colspan="2">3~4</td><td colspan="2">3~4</td><td colspan="2">2~3</td></tr>
<tr><td>或硫铵</td><td colspan="2">7~9</td><td colspan="2">7~9</td><td colspan="2">5~7</td></tr>
<tr><td>硫酸钾 (50%)</td><td colspan="2">7~9</td><td colspan="2">6~8</td><td colspan="2">5~7</td></tr>
<tr><td>或氯化钾 (60%)</td><td colspan="2">6~8</td><td colspan="2">5~7</td><td colspan="2">4~6</td></tr>
<tr><th colspan="7">追肥方案</th></tr>
<tr><th rowspan="2">施肥时期</th><th colspan="2">低肥力</th><th colspan="2">中肥力</th><th colspan="2">高肥力</th></tr>
<tr><th>尿素</th><th>硫酸钾</th><th>尿素</th><th>硫酸钾</th><th>尿素</th><th>硫酸钾</th></tr>
<tr><td>抽蔓期</td><td>8~9</td><td>5~6</td><td>6~9</td><td>4~6</td><td>5~8</td><td>4~6</td></tr>
<tr><td>开花结荚期</td><td>6~7</td><td>5~6</td><td>5~7</td><td>4~6</td><td>4~8</td><td>4~6</td></tr>
</table>

专用肥施肥：有条件地块可选用专用肥替代普通化肥，省工省时。在常规施用有机肥的基础上，亩底施豆类蔬菜专用配方肥（10-15-20）15~20 kg，抽蔓期追施叶类专用肥（15-6-15）10~15 kg，开花传黄期初期亩追施专用肥（15-6-15）10~15 kg，硝酸钙5~8 kg。

根外追肥：土壤缺硼可在花球形成初期和中期叶面喷施0.1%~0.2%硼砂溶液，土壤缺镁可叶面喷施0.2%~0.4%硫酸镁溶液1~2次。

设施菜豆还可使用二氧化碳吊袋肥，促进菜豆光合作用，提高产量。

附表　延庆区各村镇耕地土壤养分含量

权属名称	农田类型	碱解氮(mg/kg)	全氮(g/kg)	有效磷(mg/kg)	速效钾(mg/kg)	有机质(g/kg)	pH值	有效铜(mg/kg)	有效锌(mg/kg)	有效铁(mg/kg)	有效锰(mg/kg)
延庆镇											
解放街	粮田	74.0	0.997	11.1	118.1	19.52	8.1	1.67	0.37	6.4	11.4
自由街	粮田	66.4	0.896	11.0	130.0	13.85	7.9	1.74	1.08	5.5	4.0
	菜田	194.0	2.542	126.6	238.0	35.94	7.8	7.27	8.90	29.7	24.7
民主街	粮田	62.2	0.872	6.1	134.7	14.15	8.0	2.00	1.20	5.3	3.6
胜利街	粮田	69.6	1.020	20.6	151.3	17.35	7.9	1.96	1.15	6.9	7.6
	菜田	221.8	2.093	114.3	176.0	12.73	7.8	4.00	6.89	29.4	14.3
东关	粮田	57.8	1.015	11.9	186.9	17.26	8.1	2.35	1.19	6.7	7.2
	菜田	122.0	1.135	68.9	236.0	9.80	7.9	1.89	5.17	16.7	19.1
西关	粮田	65.2	1.084	30.2	245.3	19.19	8.1	1.89	1.19	6.5	4.5
	菜田	146.7	1.130	49.9	152.0	12.67	8.0	1.83	5.51	22.1	17.1
北关	粮田	74.5	1.065	9.2	162.4	19.55	8.1	2.30	1.30	6.4	7.4
	菜田	167.7	0.994	84.8	156.0	18.37	8.0	1.70	4.06	17.7	16.0
蒋家堡	粮田	52.0	0.884	2.0	121.3	13.76	8.0	2.43	0.51	6.5	7.5
	菜田	1081.1	2.672	129.0	902.0	45.49	7.9	5.61	11.06	42.8	25.6
双营	粮田	69.6	0.848	5.5	131.3	14.65	8.1	3.94	1.78	6.5	5.7
广积屯	粮田	54.2	0.903	14.0	116.3	15.49	7.9	1.99	1.21	6.2	2.5
	菜田	404.7	1.745	98.8	262.0	19.36	7.8	1.72	6.83	14.5	15.1
	葡萄	85.9	1.137	118.0	290	20.15	8.3	2.04	5.61	12.4	8.6
王泉营	粮田	59.3	0.986	47.3	130.2	16.36	7.5	1.21	1.35	6.8	4.3
	菜田	471.2	0.730	128.6	510.0	19.11	7.7	1.40	9.35	32.2	19.7
司家营	粮田	70.3	1.070	12.9	124.6	21.25	7.6	1.38	1.09	5.3	8.8
百眼泉	粮田	74.0	0.989	13.8	169.1	17.15	7.8	1.43	1.18	5.9	5.7
民主村	粮田	59.3	0.976	8.3	163.6	15.54	7.9	0.99	0.87	5.4	4.0
南辛堡	粮田	67.4	1.058	6.9	134.7	17.49	7.5	0.90	1.05	6.1	3.0
李四官庄	粮田	59.3	0.849	5.5	143.6	15.25	7.6	1.72	1.26	6.6	6.3
谷家营	粮田	58.6	0.926	17.5	180.2	14.54	7.8	1.43	1.18	6.1	8.1
小营	粮田	57.8	0.895	13.6	148.0	15.30	7.8	1.18	1.06	6.2	5.9
石河营	粮田	71.8	0.995	11.3	131.3	15.36	8.0	1.37	1.08	5.6	5.8
莲花池	粮田	68.8	0.882	12.4	154.7	16.49	8.0	1.24	0.88	5.7	4.8
上水磨	粮田	66.6	0.953	17.1	185.8	18.49	7.6	1.15	0.71	5.1	4.5
下水磨	粮田	72.5	1.142	28.0	201.6	18.55	8.0	1.20	0.59	5.2	6.7
王庄	粮田	60.0	0.961	13.1	173.6	17.25	7.8	1.42	1.20	3.5	3.8

续表

权属名称	农田类型	碱解氮(mg/kg)	全氮(g/kg)	有效磷(mg/kg)	速效钾(mg/kg)	有机质(g/kg)	pH值	有效铜(mg/kg)	有效锌(mg/kg)	有效铁(mg/kg)	有效锰(mg/kg)
三里河	粮田	74.1	0.978	18.2	160.2	14.26	8.1	1.18	0.46	3.9	5.9
赵庄	粮田	60.0	0.929	7.4	213.6	16.65	7.9	1.17	0.56	3.6	4.8
	菜田	504.5	0.394	70.3	132.0	22.86	7.9	1.47	3.90	15.6	11.9
八里庄	粮田	58.6	0.979	16.4	195.8	16.25	8.0	0.96	0.45	6.8	5.1
孟庄	粮田	71.0	0.987	15.4	188.0	16.25	8.2	1.24	1.27	5.4	3.6
老仁庄	粮田	70.3	1.097	10.1	186.9	21.46	8.1	1.33	1.19	6.1	5.2
祁家堡	粮田	61.5	1.009	9.6	162.4	18.15	7.9	1.21	0.86	5.0	6.5
	菜田	457.4	2.749	140.8	656.0	12.77	7.8	3.21	10.03	31.4	22.1
米家堡	粮田	63.4	1.024	9.8	116.5	14.25	8.0	1.10	0.75	5.8	5.3
唐家堡	粮田	66.4	0.910	8.1	112.9	14.25	8.1	1.10	0.76	5.2	5.1
	葡萄	365.5	1.640	109.8	512.0	21.92	7.7	0.97	0.82	4.5	7.6
卓家营	粮田	76.0	1.014	38.5	118.2	15.36	8.0	1.06	0.76	5.4	8.8
陶庄	粮田	70.0	0.763	33.6	114.7	16.25	7.9	1.05	1.02	5.6	8.0
鲁庄	粮田	71.5	1.008	12.8	143.4	16.98	8.0	0.95	0.93	5.4	8.2
郎庄	粮田	52.7	0.821	16.2	114.2	16.23	7.9	0.90	0.90	3.5	1.6
张庄	粮田	71.0	0.965	7.5	155.8	14.56	8.0	0.99	1.08	2.9	2.9
西辛庄	粮田	55.6	0.886	14.3	131.3	14.26	7.9	1.13	1.05	2.8	2.6
小河屯	粮田	62.2	0.974	9.2	140.2	16.48	7.8	1.18	1.15	2.8	5.6
付余屯	粮田	70.9	0.942	7.6	116.5	16.26	7.6	1.54	1.16	4.6	2.6
	菜田	349.3	1.507	105.0	286.0	15.80	7.7	3.57	8.57	26.0	26.4
东五里营	粮田	72.4	0.715	8.9	115.2	16.23	7.8	1.24	1.08	4.1	4.4
新白庙	粮田	68.8	0.989	35.6	203.1	16.50	8.0	1.09	0.88	6.7	5.8
东屯	粮田	60.0	0.938	38.0	171.3	15.26	7.9	1.05	0.75	6.1	7.3
	菜田	307.7	1.119	66.6	150.0	10.67	7.9	1.65	4.59	17.0	14.7
中屯	粮田	46.9	0.729	18.9	119.2	16.57	8.0	1.05	0.72	6.4	8.6
	菜田	113.7	0.169	116.5	168.0	24.30	7.9	2.67	8.09	21.7	12.0
西屯	粮田	63.0	0.792	20.3	186.9	18.93	7.9	1.54	1.19	3.6	5.4
西白庙	粮田	74.0	0.969	35.6	155.3	18.24	7.9	1.08	1.08	6.5	6.9
延庆镇平均值		132.1	1.074	37.5	194.8	17.42	7.9	1.75	2.40	9.6	8.5
					康庄镇						
榆林堡	粮田	72.8	0.899	11.9	119.3	18.82	7.9	1.58	1.54	7.5	8.8
一街	粮田	69.7	1.298	9.9	181.4	15.85	7.8	1.14	1.26	7.0	7.4
二街	粮田	71.3	0.909	31.4	107.6	14.58	7.0	1.46	1.28	7.2	9.5

续表

权属名称	农田类型	碱解氮 (mg/kg)	全氮 (g/kg)	有效磷 (mg/kg)	速效钾 (mg/kg)	有机质 (g/kg)	pH值	有效铜 (mg/kg)	有效锌 (mg/kg)	有效铁 (mg/kg)	有效锰 (mg/kg)
三街	粮田	64.0	1.001	33.7	164.4	20.28	7.5	1.12	1.29	5.6	4.8
四街	粮田	75.8	1.513	10.9	142.7	13.35	7.8	1.72	1.16	5.1	7.0
刁千营	粮田	67.9	1.074	22.5	192.8	14.19	7.8	1.68	1.03	6.3	7.5
马坊	粮田	65.0	1.072	46.0	190.2	20.36	8.1	1.65	0.62	7.0	6.1
	葡萄	85.9	0.824	96.6	150.0	13.26	8.7	1.97	1.05	6.7	8.0
西桑园	粮田	30.2	0.539	9.4	90.5	15.37	7.7	1.79	1.28	6.2	5.6
	菜田	85.9	1.076	66.9	200.0	39.78	7.8	2.24	6.80	16.2	21.1
西红寺	粮田	74.3	0.964	18.8	196.3	11.40	8.1	1.25	1.23	4.4	4.3
	菜田	130.3	1.222	85.6	174.0	61.90	8.0	7.54	11.08	26.9	22.6
郭家堡	粮田	43.1	0.749	16.6	80.9	12.40	8.0	1.25	1.07	7.1	5.0
小北堡	粮田	75.2	0.943	16.5	128.0	11.37	7.8	1.45	1.29	6.9	8.3
	菜田	138.6	1.170	6.5	244.0	21.04	7.8	1.96	6.04	16.7	17.0
大丰营	玉米	65.2	0.638	20.1	108.8	17.66	7.7	1.46	1.72	7.6	8.9
大营	玉米	60.8	0.786	37.5	99.8	17.00	7.9	1.84	1.36	5.8	8.0
	菜田	75.8	1.125	29.2	133.7	20.20	8.1	1.75	1.15	4.0	3.4
火烧营	玉米	74.8	0.767	21.1	172.3	16.58	8.3	1.30	1.35	5.1	2.8
太平庄	粮田	67.4	0.840	22.2	113.1	14.90	8.3	1.77	1.22	6.9	4.6
	菜田	202.4	1.119	76.2	172.0	9.32	8.0	1.86	6.27	29.0	21.0
	葡萄	85.9	0.687	19.8	96.0	15.77	8.7	1.57	1.06	8.4	5.9
张老营	粮田	66.7	0.746	22.3	172.7	16.12	8.1	1.74	1.25	5.5	6.4
许家营	粮田	63.7	0.534	33.9	95.6	16.47	7.5	1.25	1.34	7.0	5.7
马营	粮田	56.1	0.774	14.1	102.3	14.50	7.3	1.73	0.77	6.3	7.8
苗家堡	粮田	70.6	1.125	11.0	95.9	19.38	7.1	1.48	1.08	5.8	4.5
	葡萄	122.0	0.941	7.8	96.0	15.12	8.4	1.30	0.96	4.7	5.1
刘浩营	粮田	66.7	0.732	14.4	146.0	18.16	7.9	1.36	1.49	7.1	5.6
	葡萄	227.3	0.981	32.8	242.0	23.80	8.2	1.25	1.30	7.2	5.1
屯军营	粮田	68.2	0.988	11.7	107.6	18.35	7.9	1.49	0.98	6.0	4.3
	葡萄	97.0	0.797	14.6	82.0	18.43	8.8	1.24	0.58	5.4	5.8
小曹营	粮田	72.9	1.126	31.5	112.6	17.91	7.8	1.71	1.05	5.0	5.0
大王庄	粮田	45.5	0.786	9.4	103.5	13.22	8.1	1.48	0.87	6.9	6.7
北曹营	粮田	63.7	1.109	10.2	91.5	19.37	7.5	1.61	1.14	8.5	8.1
南曹营	粮田	69.2	0.944	45.3	109.3	21.26	7.4	1.48	1.00	5.3	8.9
小王庄	粮田	69.4	0.950	32.5	132.0	18.88	8.0	1.75	1.40	7.0	8.0

续表

权属名称	农田类型	碱解氮(mg/kg)	全氮(g/kg)	有效磷(mg/kg)	速效钾(mg/kg)	有机质(g/kg)	pH值	有效铜(mg/kg)	有效锌(mg/kg)	有效铁(mg/kg)	有效锰(mg/kg)
小丰营	粮田	52.0	0.830	32.9	77.2	12.40	7.3	1.71	1.25	6.4	3.4
	菜田	77.6	0.640	3.5	86.0	34.60	7.9	0.87	0.90	12.9	7.3
	葡萄	133.1	1.303	124.9	240.0	40.02	8.4	0.82	0.48	2.4	5.4
东红寺	粮田	73.1	0.875	45.5	189.4	16.13	8.1	1.59	1.29	2.40	6.8
王家堡	粮田	45.5	0.836	12.9	96.3	11.70	8.6	1.68	1.08	4.50	8.4
	菜田	97.0	1.227	66.8	198.0	6.13	8.2	1.44	5.16	14.8	13.2
东官坊	粮田	66.6	0.694	37.8	94.9	18.70	8.7	1.68	1.34	6.1	7.1
	菜田	238.4	1.466	72.3	356.0	24.37	8.2	1.92	7.21	26.7	27.2
大路	粮田	65.2	0.882	18.9	166.8	17.40	7.6	1.23	1.04	5.9	6.3
康庄镇平均值		84.2	0.944	31.5	143.4	18.84	8.0	1.67	1.94	8.3	8.2
					八达岭镇						
石峡	粮田	52.8	0.863	18.4	121.9	13.76	7.7	1.29	1.13	11.3	9.3
帮水峪	粮田	52.8	1.217	18.5	148.2	19.21	7.7	1.11	1.17	11.6	9.8
里炮	粮田	45.3	0.684	14.4	123.6	13.68	7.5	1.93	0.43	9.6	6.0
	葡萄	288.3	1.267	157.0	370.0	23.38	7.2	1.56	0.75	6.0	5.7
外炮	粮田	51.3	0.807	13.9	121.9	12.72	7.5	1.21	1.39	11.2	9.0
	葡萄	152.5	1.304	93.1	194.0	32.12	8.5	1.29	1.04	8.0	7.0
营城子	粮田	52.8	0.943	15.0	125.8	12.99	7.8	1.62	1.52	12.3	9.5
东曹营	粮田	57.5	1.072	15.3	140.4	16.86	7.7	1.64	0.86	14.7	10.2
	葡萄	137.2	1.303	15.4	178.0	39.77	8.5	1.37	0.80	12.3	8.7
大浮坨	粮田	50.6	1.090	15.5	145.5	15.50	8.0	1.38	1.45	12.4	8.6
	葡萄	135.8	1.163	199.9	238.0	22.01	8.3	1.05	0.98	8.7	6.9
小浮坨	粮田	62.3	1.042	19.8	120.2	16.72	7.8	1.90	1.58	11.6	9.1
	菜田	138.6	1.602	105.9	130.0	52.05	7.6	1.57	8.00	24.7	12.9
	葡萄	119.2	0.979	46.1	154.0	17.43	8.3	1.83	1.34	8.7	8.1
程家窑	粮田	55.8	0.877	15.4	123.6	15.99	7.5	1.96	1.28	10.3	10.7
	葡萄	55.4	0.800	6.6	90.0	18.93	8.7	1.67	1.02	8.7	6.9
岔道	粮田	54.3	0.929	12.3	158.9	12.12	7.7	1.07	1.32	14.9	9.2
西拨子	粮田	55.8	0.836	13.9	135.4	12.91	7.8	1.88	1.50	10.1	8.0
南园	粮田	60.4	0.974	15.4	147.2	18.11	7.9	1.98	1.04	14.1	8.9
东沟	粮田	31.7	1.081	11.8	153.9	18.20	7.9	1.09	1.52	14.7	9.0
石佛寺	粮田	42.3	0.823	23.5	142.3	12.03	7.9	1.56	1.68	10.9	8.1
三堡	粮田	52.6	0.843	10.7	109.3	13.21	7.9	1.17	0.68	11.4	8.3

续表

权属名称	农田类型	碱解氮(mg/kg)	全氮(g/kg)	有效磷(mg/kg)	速效钾(mg/kg)	有机质(g/kg)	pH值	有效铜(mg/kg)	有效锌(mg/kg)	有效铁(mg/kg)	有效锰(mg/kg)
八达岭镇平均值		82.1	1.023	39.0	153.3	19.53	7.9	1.51	1.48	11.7	8.6
永宁镇											
河湾	粮田	68.2	1.543	50.9	210.3	17.90	6.8	0.68	1.12	11.8	5.6
北沟	粮田	78.5	0.951	49.3	187.5	11.18	7.4	1.05	1.03	11.4	5.1
清泉堡	粮田	81.7	1.401	39.5	202.6	14.86	6.9	0.68	1.07	10.5	5.9
罗家台	粮田	56.1	0.742	16.2	133.7	19.36	7.2	1.06	0.99	9.5	6.3
王家堡	粮田	73.2	2.078	40.2	183.5	21.66	6.9	0.68	1.06	6.9	10.1
水口子	粮田	51.3	0.759	42.2	150.5	18.24	7.6	1.92	1.15	5.4	8.9
偏坡峪	粮田	48.0	0.737	16.0	147.2	15.27	7.4	1.31	1.28	8.6	9.1
二铺	粮田	59.3	0.769	12.9	120.2	19.25	8.0	1.51	0.92	8.9	7.7
营城	粮田	83.3	0.956	71.3	170.7	13.26	8.0	0.64	1.31	7.1	7.1
马蹄湾	粮田	44.8	0.644	12.2	111.8	17.36	8.0	1.62	0.81	8.3	5.9
西山沟	粮田	56.3	1.308	34.9	209.4	19.65	7.9	1.62	1.50	9.1	9.3
永新堡	粮田	63.9	0.779	14.2	127.0	11.49	8.0	0.94	1.02	7.8	6.0
	葡萄	80.4	0.929	9.5	120.0	22.91	8.7	0.89	0.86	5.7	4.9
狮子营	粮田	57.7	1.081	12.2	123.6	12.86	7.9	1.31	0.91	7.8	4.8
	葡萄	102.6	0.865	23.6	92.0	22.63	8.5	1.20	0.89	6.4	5.6
上磨	粮田	62.5	1.095	14.9	121.9	10.95	7.9	1.85	0.74	9.9	6.7
吴坊营	粮田	70.6	1.339	30.5	184.2	12.70	7.7	0.48	1.69	9.9	9.6
	葡萄	105.3	1.322	77.0	116.0	28.01	8.5	0.55	1.60	8.7	6.7
小庄科	粮田	57.7	1.343	16.8	127.0	18.66	7.7	1.35	0.88	8.1	9.5
前平房	粮田	56.1	0.951	11.8	125.3	16.53	8.0	1.35	0.64	7.0	7.4
	菜田	828.8	1.300	87.4	276.0	9.40	7.9	1.28	5.09	11.5	18.4
孔化营	粮田	64.9	1.195	15.9	132.0	11.70	8.1	0.76	1.05	9.2	7.9
	菜田	280.0	1.948	116.4	196.0	31.07	7.9	2.39	9.05	17.6	13.5
新华营	粮田	33.6	0.560	15.4	112.7	11.78	8.0	1.36	0.64	8.8	9.7
	菜田	413.0	1.866	102.6	146.0	22.63	7.8	1.96	6.65	25.4	10.8
左所屯	粮田	70.5	1.320	19.7	157.3	12.60	7.7	1.64	1.02	8.2	9.8
	菜田	183.0	2.182	112.8	260.0	34.49	7.9	2.18	7.60	36.0	16.9
北关	粮田	51.3	0.624	13.5	110.5	16.54	8.0	1.57	0.54	6.5	7.0
西关	粮田	40.0	0.628	11.1	109.5	16.82	8.0	0.61	0.68	7.8	6.2
	菜田	110.9	0.956	78.0	100.0	20.29	7.9	1.15	4.54	15.9	8.7
小南园	粮田	64.1	1.031	19.1	133.7	18.36	8.1	1.34	1.01	7.2	8.4

续表

权属名称	农田类型	碱解氮 (mg/kg)	全氮 (g/kg)	有效磷 (mg/kg)	速效钾 (mg/kg)	有机质 (g/kg)	pH值	有效铜 (mg/kg)	有效锌 (mg/kg)	有效铁 (mg/kg)	有效锰 (mg/kg)
盛世营	粮田	68.9	1.170	26.1	140.4	12.69	8.0	0.49	1.05	7.5	9.0
南关	粮田	64.1	1.124	17.2	148.8	11.68	8.0	1.76	1.34	6.5	9.9
太平街	粮田	67.3	1.088	13.0	133.7	16.60	8.1	1.90	1.01	6.9	8.7
利民街	粮田	56.1	1.020	19.2	110.5	18.57	8.1	1.61	1.32	7.5	9.4
和平街	粮田	57.7	1.080	10.5	145.5	13.65	8.0	1.36	1.14	8.1	8.4
	菜田	460.2	2.348	108.2	356.0	30.63	7.9	2.20	8.87	26.8	22.9
	葡萄	252.3	1.024	17.7	148.0	17.40	8.1	1.26	1.09	6.7	7.3
阜民街	粮田	59.3	0.939	18.0	116.9	16.60	8.2	1.35	0.96	7.6	8.5
王家山	粮田	69.3	1.282	28.2	160.6	13.69	8.1	1.69	1.09	7.3	10.7
	葡萄	99.8	0.869	15.0	114.0	25.25	7.4	1.34	0.97	6.3	7.3
南张庄	粮田	56.1	0.999	24.5	130.3	11.69	7.5	0.91	0.62	5.6	6.6
东灰岭	粮田	54.5	0.926	24.5	143.8	14.57	8.1	1.23	0.74	6.7	5.3
彭家窑	粮田	57.7	0.898	29.3	133.7	15.94	8.2	1.37	0.71	7.3	6.0
西灰岭	粮田	60.9	1.052	17.1	132.0	16.57	8.1	1.30	0.98	7.9	6.2
头司	粮田	59.3	1.171	25.0	142.1	12.66	8.2	1.23	1.46	9.0	5.4
四司	粮田	56.1	1.079	21.6	143.8	12.69	8.1	1.24	1.08	7.6	4.7
永宁镇平均值		108.4	1.133	34.1	151.0	17.26	7.9	1.30	1.78	9.7	8.4
旧县镇											
白草洼	粮田	41.4	0.870	19.9	108.3	12.83	7.9	1.16	0.52	7.0	2.7
	葡萄	80.4	1.048	78.0	228.0	24.63	7.9	1.37	0.86	8.1	4.3
三里庄	粮田	74.9	0.970	39.6	106.9	14.83	7.8	1.75	0.57	6.5	7.3
	葡萄	74.8	0.689	22.8	122.0	17.16	8.9	1.38	0.57	6.0	4.8
烧窑峪	粮田	75.7	1.080	23.7	123.6	18.00	7.9	1.25	0.34	5.4	6.6
	葡萄	69.3	0.788	34.6	124.0	19.75	8.1	1.07	0.68	6.7	8.1
北张庄	粮田	41.6	0.991	16.8	103.6	14.63	7.9	1.82	0.67	3.7	2.9
	葡萄	61.0	0.505	21.3	116.0	14.05	8.8	1.81	0.61	5.3	4.2
白羊峪	粮田	76.5	0.982	20.6	150.5	15.30	7.7	1.46	0.59	4.6	8.8
黄峪口	粮田	66.1	0.849	31.3	120.3	12.10	7.8	1.33	0.94	5.9	8.4
白河堡	粮田	55.0	0.752	20.2	91.8	11.60	7.5	0.68	0.31	7.0	8.3
闫庄	粮田	56.2	0.751	13.7	103.5	11.80	7.8	1.10	0.67	5.9	6.6
耿家庄	粮田	71.2	0.863	41.2	158.6	14.00	7.2	1.62	0.97	7.2	5.4
车坊	粮田	65.7	0.846	15.0	120.3	13.30	7.8	1.05	0.49	4.5	9.8
	菜田	271.9	1.914	73.2	246.0	24.34	7.7	2.06	4.12	14.1	21.4

续表

权属名称	农田类型	碱解氮(mg/kg)	全氮(g/kg)	有效磷(mg/kg)	速效钾(mg/kg)	有机质(g/kg)	pH值	有效铜(mg/kg)	有效锌(mg/kg)	有效铁(mg/kg)	有效锰(mg/kg)
旧县	粮田	45.0	0.793	11.1	122.0	11.60	7.7	0.58	0.78	4.5	3.9
羊坊	粮田	46.6	0.780	38.0	158.1	12.90	7.5	1.04	0.79	7.6	7.4
	菜田	155.2	1.587	76.8	318.0	14.88	7.6	2.85	7.58	15.5	22.0
米粮屯	粮田	62.5	0.668	48.8	135.4	11.20	7.7	1.41	0.67	5.5	7.5
	葡萄	87.3	0.575	10.7	98.0	15.27	8.6	1.27	0.63	4.2	5.7
古城	粮田	54.6	0.766	30.5	147.1	10.00	7.8	1.02	0.54	4.8	6.7
	葡萄	69.3	0.829	30.6	96.0	22.48	8.0	0.98	0.84	6.1	5.4
常家营	粮田	65.7	0.917	39.1	142.9	14.70	7.7	1.42	0.61	5.1	5.9
常里营	粮田	42.6	0.713	21.5	145.4	10.80	7.9	1.36	0.28	2.9	8.0
	菜田	141.4	1.475	77.6	424.0	27.34	7.8	1.12	5.67	14.6	14.9
盆窑	粮田	48.2	0.755	18.0	106.5	13.00	7.8	0.82	0.27	6.4	9.0
团山	粮田	54.6	0.774	26.4	110.2	12.30	7.6	1.25	0.24	6.8	6.4
	菜田	195.4	1.954	91.7	398.0	33.65	7.7	3.18	10.32	57.1	14.9
大柏老	粮田	57.8	0.641	16.6	162.3	18.50	7.9	1.64	0.87	7.0	3.4
小柏老	粮田	51.9	0.640	40.7	154.7	16.90	7.4	1.02	0.57	6.9	8.5
西龙湾	粮田	56.2	0.837	16.9	150.5	12.40	7.7	1.34	0.59	5.8	6.9
东龙湾	粮田	49.8	0.776	37.8	123.6	12.50	7.5	1.64	0.74	3.6	4.8
	菜田	99.8	1.192	68.1	158.0	49.68	7.6	2.25	6.31	18.2	15.4
旧县镇平均值		77.7	0.926	35.5	156.8	16.92	7.8	1.43	1.55	8.5	8.1
					张山营镇						
大庄科	粮田	86.0	1.586	13.5	142.1	23.60	8.1	1.89	1.15	11.3	7.0
佛峪口	粮田	55.8	0.810	14.0	83.2	16.50	8.1	1.85	0.95	9.6	5.3
水峪	粮田	60.4	1.004	13.9	138.7	18.30	6.7	1.14	3.19	12.1	7.6
	菜田	152.5	1.652	89.7	208.0	22.32	7.7	3.83	5.10	9.8	12.6
胡家营	粮田	75.5	1.024	13.2	123.6	18.68	7.9	1.56	2.33	14.4	6.8
	葡萄	120.6	1.103	55.9	154.0	22.10	8.1	1.47	2.37	10.4	5.3
姚家营	粮田	75.5	1.514	14.7	108.6	22.58	7.2	1.98	3.48	8.0	5.7
东门营	粮田	66.4	1.089	13.8	98.4	20.07	7.8	1.17	2.26	11.4	7.4
下营	粮田	78.1	1.077	14.1	96.7	20.06	6.9	1.20	3.61	9.2	8.8
	葡萄	77.6	1.083	34.8	102.0	19.87	8.8	1.63	3.97	5.8	7.6
西五里营	粮田	63.4	1.128	18.2	132.0	19.51	7.5	1.45	2.05	7.8	9.9
	葡萄	108.1	1.161	43.6	90.0	22.40	8.4	1.67	1.93	4.9	8.6

续表

权属名称	农田类型	碱解氮(mg/kg)	全氮(g/kg)	有效磷(mg/kg)	速效钾(mg/kg)	有机质(g/kg)	pH值	有效铜(mg/kg)	有效锌(mg/kg)	有效铁(mg/kg)	有效锰(mg/kg)
前黑龙庙	粮田	57.3	0.808	12.4	93.1	14.23	7.7	1.40	1.51	6.3	8.5
	葡萄	135.8	0.976	101.7	150.0	15.66	8.1	1.53	1.97	5.7	8.1
后黑龙庙	粮田	52.8	1.351	12.3	91.4	16.47	7.7	1.38	1.38	6.6	7.5
	葡萄	138.6	0.899	71.1	190.0	16.58	8.4	1.67	1.93	5.3	4.8
西卓家营	粮田	72.6	1.273	27.6	127.9	22.22	7.8	1.77	0.99	8.9	5.4
下卢凤	粮田	49.8	0.791	14.0	100.1	18.94	7.7	1.06	0.73	10.6	6.4
上卢凤	粮田	78.1	1.312	14.9	110.2	23.70	6.3	1.09	1.33	11.2	9.3
张山营	粮田	74.0	1.268	24.0	184.2	23.10	6.9	1.57	1.06	11.4	5.9
马庄	粮田	63.6	1.549	14.1	175.8	24.80	7.2	1.97	1.52	10.2	5.6
小河屯	粮田	64.9	1.107	14.1	130.3	18.90	7.3	1.52	1.77	9.7	7.6
上板泉	粮田	80.5	1.333	26.8	204.4	23.59	7.6	1.57	1.87	9.0	8.3
下板泉	粮田	78.5	1.234	15.9	94.8	21.60	7.6	1.63	1.18	8.7	8.7
	葡萄	69.3	0.902	11.1	74.0	22.31	8.9	1.37	1.08	6.7	7.9
玉皇庙	粮田	77.5	1.055	11.5	91.6	19.29	7.6	0.92	1.46	7.2	9.6
	葡萄	77.6	1.122	44.6	168.0	18.88	8.9	0.98	1.05	8.3	7.6
西羊坊	粮田	83.6	1.461	13.0	96.5	24.83	6.9	1.34	1.40	8.0	9.1
	葡萄	166.3	1.296	14.5	132.0	23.62	8.3	1.69	1.56	7.6	8.3
辛家堡	粮田	58.9	0.768	12.6	99.7	14.45	7.6	1.85	0.69	7.5	7.7
丁家堡	粮田	80.0	1.093	17.3	86.6	26.01	7.9	1.06	1.25	8.3	9.6
靳家堡	粮田	72.4	1.115	11.5	91.5	17.02	8.0	1.90	0.75	6.9	6.4
田宋营	粮田	81.5	0.987	14.1	137.1	17.71	7.9	1.77	0.71	9.6	7.3
吴庄	粮田	57.2	1.505	14.7	167.3	25.58	8.1	1.26	1.18	10.8	9.0
龙聚山庄	粮田	81.5	1.143	13.9	153.9	19.95	8.2	1.43	0.85	11.8	7.3
晏家堡	粮田	64.9	1.070	14.4	105.1	18.73	8.3	1.54	1.59	9.3	9.0
中羊坊	粮田	69.4	0.947	17.2	123.6	16.98	8.2	1.13	1.58	10.4	10.0
黄柏寺	粮田	75.5	1.069	21.7	127.0	18.81	8.2	1.07	1.98	9.0	10.2
上郝庄	粮田	63.4	1.142	28.4	201.0	18.79	8.3	1.23	1.16	9.2	8.7
韩郝庄	粮田	67.9	1.080	24.9	135.4	18.33	8.1	1.46	1.07	9.6	8.4
苏庄	粮田	55.8	0.873	16.1	140.4	13.44	8.2	1.56	1.84	10.2	12.1
	葡萄	224.5	1.227	74.8	292.0	25.53	7.8	1.69	1.94	8.6	11.0
张山营镇平均值		83.2	1.143	25.3	132.2	20.14	7.8	1.53	1.73	9.0	8.0
					四海镇						
西沟里	粮田	77.3	0.996	9.0	63.1	17.31	7.8	2.58	3.62	12.0	8.5

续表

权属名称	农田类型	碱解氮(mg/kg)	全氮(g/kg)	有效磷(mg/kg)	速效钾(mg/kg)	有机质(g/kg)	pH值	有效铜(mg/kg)	有效锌(mg/kg)	有效铁(mg/kg)	有效锰(mg/kg)
西沟外	粮田	77.0	1.083	8.4	169.0	18.62	7.3	1.89	3.57	7.9	9.2
四海	粮田	72.8	0.953	8.5	128.6	14.99	8.1	1.19	2.19	6.4	9.5
椴木沟	粮田	70.9	0.978	12.4	182.5	15.68	8.1	1.37	1.24	12.9	7.2
菜食河	粮田	63.4	1.049	11.7	128.6	18.56	7.4	2.30	1.82	7.7	11.4
	菜田	282.7	4.007	125.9	936.0	38.67	7.6	4.23	10.02	27.3	28.3
海字口	粮田	77.0	1.155	13.5	150.5	13.28	8.2	1.26	0.76	8.9	8.1
岔石口	粮田	52.8	0.900	2.9	133.7	21.23	8.1	1.43	0.99	10.9	6.9
永安堡	粮田	60.4	0.891	29.9	152.2	14.68	8.1	1.40	1.12	10.9	7.4
郭家湾	粮田	87.5	1.293	41.2	177.4	19.18	8.2	1.44	1.05	9.4	10.7
石窑	粮田	87.2	1.172	27.7	162.3	19.30	8.2	1.23	0.67	8.9	11.2
大胜岭	粮田	77.0	1.140	23.3	195.6	18.41	8.2	1.22	0.47	8.8	11.5
南湾	粮田	75.5	1.283	14.6	150.5	22.14	8.3	1.15	0.45	8.4	11.6
黑汉岭	粮田	81.5	1.139	9.5	182.5	18.73	8.2	1.21	0.47	11.5	11.3
大吉祥	粮田	75.5	1.139	13.9	182.5	19.53	8.2	1.41	0.92	8.1	8.6
上花楼	粮田	63.4	1.058	40.6	195.5	18.36	7.9	2.17	2.80	9.3	8.9
王顺沟	粮田	86.0	1.137	30.8	165.7	16.80	7.9	3.22	2.97	12.4	6.1
前山	粮田	82.6	1.333	35.1	182.5	22.00	8.2	1.97	1.18	9.5	7.5
楼梁	粮田	83.8	1.473	29.6	185.8	21.17	8.2	0.88	1.24	7.8	4.1
四海镇平均值		86.0	1.273	25.7	201.3	19.40	8.0	1.77	1.98	10.5	9.9
					千家店镇						
河口	粮田	74.3	0.993	11.1	154.4	12.14	7.9	2.07	1.46	11.7	9.7
石槽	粮田	63.7	1.115	25.5	102.6	14.13	6.5	2.00	1.07	13.4	8.2
红石湾	粮田	77.3	0.935	33.2	119.3	18.37	7.9	1.95	1.04	12.1	7.4
千家店	粮田	98.6	1.133	34.2	146.0	13.64	6.5	2.07	1.85	13.4	9.2
	菜田	353.3	1.640	86.9	218.0	71.13	7.0	1.40	6.52	17.6	10.6
河南	粮田	63.7	1.014	13.7	119.3	13.81	7.7	1.77	1.18	10.2	7.5
下德龙湾	粮田	69.7	1.309	64.5	132.7	18.56	6.6	1.81	1.32	7.6	6.0
水头	粮田	74.3	1.081	12.3	126.0	15.58	7.7	1.58	1.01	8.2	5.9
大石窑	粮田	69.7	1.799	21.6	189.4	17.64	8.0	1.51	1.35	7.6	8.9
红旗甸	粮田	69.7	1.463	8.6	121.0	17.14	8.0	1.62	1.66	10.0	9.8
六道河	粮田	63.7	1.019	16.0	92.6	20.68	8.1	1.77	1.15	8.8	8.3
大楝树	粮田	57.6	0.711	14.6	106.0	14.15	8.0	1.77	1.00	9.9	7.4
沙梁子	粮田	60.4	0.962	25.6	101.0	19.10	8.0	1.64	0.80	7.9	13.3

续表

权属名称	农田类型	碱解氮(mg/kg)	全氮(g/kg)	有效磷(mg/kg)	速效钾(mg/kg)	有机质(g/kg)	pH值	有效铜(mg/kg)	有效锌(mg/kg)	有效铁(mg/kg)	有效锰(mg/kg)
四潭沟	粮田	87.9	0.711	25.4	146.0	18.97	7.8	1.66	1.93	7.3	8.2
下湾	粮田	60.6	1.029	13.2	257.9	18.93	7.6	2.00	1.92	8.2	10.5
菜木沟	粮田	68.2	1.004	30.0	257.9	15.56	7.9	1.74	1.44	8.3	10.8
牛沟	粮田	68.2	1.217	18.0	127.7	16.08	7.1	1.72	1.37	12.2	7.6
水泉沟	粮田	68.2	0.988	12.7	121.0	15.70	7.9	1.73	0.99	8.5	9.8
花盆	粮田	75.8	1.162	14.2	204.5	17.97	7.9	2.11	1.54	7.9	5.3
平台子	粮田	47.0	1.126	8.9	109.3	12.86	8.1	2.02	0.81	7.8	8.0
千家店镇平均值		83.6	1.121	24.5	147.6	19.11	7.6	1.80	1.57	9.9	8.6
沈家营镇											
沈家营	粮田	63.7	0.887	19.4	117.6	13.19	7.9	1.13	1.83	4.2	6.8
	菜田	207.9	1.108	119.4	232.0	21.02	7.6	2.11	8.39	26.7	9.3
东王化营	粮田	53.1	0.780	16.1	129.3	11.89	8.0	1.13	0.96	3.4	5.3
冯庄	粮田	75.8	0.886	19.5	112.6	14.00	7.5	1.29	1.68	4.2	7.5
新合营	粮田	60.6	1.244	17.4	95.9	14.98	7.1	1.86	0.98	4.0	7.2
曹官营	粮田	84.9	0.918	15.6	97.6	13.78	7.0	2.44	0.83	4.5	5.6
临河	粮田	81.9	1.076	13.0	109.3	18.21	7.4	2.43	1.08	3.4	4.5
香村营	粮田	78.8	1.174	72.7	149.4	14.72	7.5	5.82	1.94	2.5	7.4
	菜田	282.7	1.640	90.4	194.0	71.15	7.6	1.71	5.90	18.5	22.0
北老君堂	粮田	66.7	0.954	12.0	151.0	18.28	8.0	1.69	1.25	1.5	4.8
兴安堡	粮田	57.6	0.906	12.2	96.3	11.65	8.0	1.83	1.00	3.5	7.0
上郝庄	粮田	62.8	0.968	11.6	86.4	16.40	7.9	1.34	0.96	2.6	8.7
	葡萄	99.8	1.117	6.6	70.0	14.93	8.3	1.38	0.68	2.0	6.4
下郝庄	粮田	63.7	0.981	13.6	102.6	17.15	7.8	2.31	1.28	1.2	3.7
	葡萄	108.1	1.150	13.9	68.0	20.25	8.0	2.06	0.94	1.0	2.3
西五里营	粮田	86.7	1.367	98.6	103.6	20.35	7.6	1.36	0.69	1.0	2.9
	葡萄	180.2	1.326	88.3	116.0	22.84	8.2	1.39	0.78	0.7	1.4
广积屯	粮田	169.8	2.460	197.3	119.5	23.66	8.7	1.34	0.69	1.4	2.0
	葡萄	257.8	2.433	169.8	424.0	39.77	7.3	1.79	0.98	1.6	3.9
魏家营	粮田	71.0	1.149	17.5	102.6	12.51	6.9	2.22	1.59	4.1	3.2
连家营	粮田	60.6	1.045	12.7	121.0	14.27	7.8	2.28	0.58	3.0	4.2
前吕庄	粮田	79.5	0.761	14.2	137.7	22.11	8.0	1.96	1.33	2.5	7.9
后吕庄	粮田	72.8	0.799	32.9	164.4	18.41	7.6	2.22	1.71	3.5	6.1
马匹营	粮田	79.5	1.047	13.7	161.1	19.64	7.9	2.19	1.31	3.5	7.2

续表

权属名称	农田类型	碱解氮(mg/kg)	全氮(g/kg)	有效磷(mg/kg)	速效钾(mg/kg)	有机质(g/kg)	pH值	有效铜(mg/kg)	有效锌(mg/kg)	有效铁(mg/kg)	有效锰(mg/kg)
孙庄	粮田	78.8	1.067	15.1	159.4	15.89	7.9	2.35	1.10	3.6	6.8
北梁	粮田	51.6	1.001	14.0	95.9	13.33	8.1	1.93	0.91	2.5	6.8
八里店	粮田	66.7	0.884	12.7	156.0	19.33	7.3	2.87	0.91	3.4	5.3
	葡萄	124.7	1.118	75.2	218.0	24.00	8.3	2.52	0.68	3.9	4.9
西王化营	粮田	59.1	1.107	22.1	161.1	18.49	8.1	1.72	1.57	2.5	6.0
	葡萄	99.8	1.193	27.2	196.0	22.52	8.3	1.67	1.42	2.9	7.6
河东	粮田	77.3	0.983	16.5	164.4	21.53	8.1	2.05	1.66	4.1	5.3
	菜田	185.7	1.194	83.1	138.0	48.69	8.0	1.28	5.63	22.0	9.3
	葡萄	61.0	1.195	86.7	252.0	20.16	8.4	1.36	5.97	18.9	7.8
下花园	粮田	57.6	0.878	21.3	172.7	15.37	8.2	3.57	1.03	4.8	4.6
	葡萄	183.0	1.081	41.2	178.0	20.02	8.3	3.97	0.97	5.2	6.8
上花园	粮田	76.4	0.952	18.4	161.1	23.61	7.5	3.97	1.06	4.5	4.9
	葡萄	138.6	1.771	94.9	298.0	29.98	8.6	4.06	1.38	6.1	6.7
沈家营镇平均值		101.8	1.151	44.0	151.7	21.03	7.9	2.18	1.72	5.1	6.2
					大榆树镇						
姜家台	粮田	51.6	0.941	15.7	139.4	23.72	7.8	1.74	1.18	5.3	5.5
	葡萄	120.6	0.979	84.2	162.0	23.25	7.7	1.99	2.14	6.7	4.9
陈家营	粮田	54.6	0.748	15.0	119.3	14.97	7.7	1.39	1.03	5.7	8.8
	菜田	141.4	1.945	113.3	272.0	90.20	7.6	2.96	9.36	39.7	33.7
杨户庄	粮田	68.2	0.908	28.7	152.7	18.54	7.8	1.83	1.48	3.6	6.0
	菜田	194.1	1.504	58.3	314.0	54.10	7.7	1.00	4.93	10.1	13.1
阜高营	粮田	75.8	0.827	14.3	162.7	21.85	7.7	1.77	1.01	5.5	8.6
奚官营	粮田	53.1	0.934	17.5	129.3	19.36	8.0	1.63	1.05	4.2	8.8
	菜田	196.8	0.887	40.4	116.0	48.58	7.8	1.09	1.20	14.2	21.9
下辛庄	粮田	57.6	0.895	15.7	169.1	19.93	7.8	1.43	1.42	3.1	8.0
	菜田	116.4	1.455	116.2	284.0	63.01	7.6	3.63	8.61	42.2	38.0
上辛庄	粮田	74.3	0.829	24.7	166.1	22.71	7.8	1.59	1.31	1.3	8.6
宗家营	粮田	40.9	0.839	12.4	169.4	16.80	7.9	1.04	0.30	4.4	3.8
大榆树	粮田	60.6	0.917	18.4	141.0	20.11	8.0	0.98	0.33	5.6	6.6
	葡萄	108.1	1.189	31.7	144.0	35.10	8.4	0.72	0.68	4.3	8.4
高庙屯	粮田	75.8	0.971	14.5	117.6	17.53	7.4	1.46	0.47	5.0	4.4
刘家堡	粮田	67.7	0.933	19.6	144.4	25.04	7.7	1.10	1.52	2.8	6.5
北红门	粮田	50.0	0.858	28.0	129.3	16.50	7.7	1.26	0.59	1.8	4.3
南红门	粮田	45.5	0.840	27.3	168.1	23.20	7.8	1.46	1.24	3.9	5.6

续表

权属名称	农田类型	碱解氮(mg/kg)	全氮(g/kg)	有效磷(mg/kg)	速效钾(mg/kg)	有机质(g/kg)	pH值	有效铜(mg/kg)	有效锌(mg/kg)	有效铁(mg/kg)	有效锰(mg/kg)
东桑园	粮田	69.7	0.891	15.9	154.4	25.61	7.6	0.94	0.85	5.0	6.4
	菜田	63.8	0.898	39.1	138.0	21.91	7.6	1.37	1.53	16.5	23.3
	葡萄	116.4	0.939	73.0	130.0	14.87	8.2	1.24	0.97	4.2	6.9
大泥河	粮田	60.6	0.958	18.3	151.0	22.17	7.9	1.07	0.83	5.1	8.6
	葡萄	88.7	0.967	14.1	122.0	21.01	8.8	1.26	0.97	7.2	9.1
小泥河	粮田	51.6	1.143	15.4	111.0	16.78	7.8	0.99	0.44	2.3	3.1
小张家口	粮田	53.1	1.275	12.8	132.7	17.66	7.7	1.25	0.86	1.5	6.4
下屯	粮田	53.1	0.964	27.4	168.7	12.30	7.5	1.08	0.36	4.4	3.5
东杏园	粮田	78.8	0.833	67.8	164.4	23.81	7.9	1.17	1.79	5.4	8.1
西杏园	粮田	57.6	0.760	29.5	152.7	22.24	7.9	1.40	1.32	2.1	3.8
岳家营	粮田	71.3	0.478	14.9	136.0	19.59	7.9	0.98	0.51	2.8	6.9
	菜田	146.9	2.718	132.1	532.0	167.56	7.7	4.45	10.05	36.0	13.0
簸箕营	粮田	60.6	0.732	15.9	121.0	16.45	8.0	1.48	0.59	4.0	3.3
新宝庄	粮田	74.3	0.883	13.3	101.4	19.89	7.8	1.15	0.55	4.0	2.4
	菜田	163.5	1.268	85.9	158.0	85.22	7.7	1.36	3.89	20.8	11.0
程家营	粮田	56.1	0.808	17.1	102.6	20.21	7.9	1.02	0.82	2.7	4.8
军营	粮田	72.8	1.178	61.1	161.1	18.27	7.8	1.42	1.95	5.4	6.2
大榆树镇平均值		83.1	1.030	37.5	164.9	31.11	7.8	1.49	1.89	8.3	9.2
						井庄镇					
南老君堂	粮田	71.3	0.617	40.2	129.3	12.27	7.5	0.99	1.51	12.8	7.8
艾官营	粮田	57.6	0.791	15.6	119.3	17.05	7.7	0.95	0.51	6.4	12.7
宝林寺	粮田	56.1	0.616	20.6	146.0	16.24	7.9	1.50	1.07	4.9	5.0
东小营	粮田	51.6	0.855	14.6	102.6	13.67	7.7	0.97	0.56	7.5	10.1
	菜田	252.3	1.811	97.0	98.0	31.88	7.8	5.88	9.55	39.7	27.8
王木营	粮田	45.5	0.842	19.4	152.7	13.15	7.8	1.21	0.90	6.0	14.2
	菜田	363.1	1.297	82.5	412.0	27.14	7.6	1.81	7.02	18.1	17.1
	葡萄	83.2	0.549	32.0	192.0	16.32	8.6	1.48	0.97	5.6	12.4
房老营	粮田	75.8	0.714	36.1	112.6	20.95	7.8	0.80	1.27	5.6	11.1
	葡萄	105.3	1.035	26.2	186.0	28.34	8.3	1.23	1.04	5.9	8.7
井家庄	粮田	70.4	1.486	45.6	84.2	18.99	7.8	1.92	1.43	9.3	10.5
小胡家营	粮田	62.3	0.544	17.0	110.9	14.96	7.9	1.80	0.79	8.8	6.9
东石河	粮田	66.7	0.683	21.4	125.9	15.69	8.0	1.75	1.22	8.0	8.9
	菜田	144.1	1.637	77.5	126.0	31.18	7.8	1.69	5.74	25.0	24.6

续表

权属名称	农田类型	碱解氮(mg/kg)	全氮(g/kg)	有效磷(mg/kg)	速效钾(mg/kg)	有机质(g/kg)	pH值	有效铜(mg/kg)	有效锌(mg/kg)	有效铁(mg/kg)	有效锰(mg/kg)
二司	粮田	79.4	0.689	20.6	98.2	18.57	7.6	1.62	1.06	8.6	5.2
	葡萄	91.5	0.743	15.2	140.0	16.65	8.6	1.69	0.98	7.6	8.5
三司	粮田	64.3	0.874	22.2	109.2	19.25	7.9	1.48	1.68	8.0	10.9
	葡萄	99.8	0.891	11.2	222.0	21.93	8.8	1.67	1.34	5.6	6.4
柳沟	粮田	72.5	1.162	20.2	125.9	15.47	7.8	1.37	1.06	6.1	8.2
	葡萄	63.8	0.719	18.1	156.0	21.11	8.8	1.69	1.43	5.2	7.3
果树园	粮田	75.8	0.771	21.7	120.8	16.75	7.8	1.33	0.81	7.6	8.1
王仲营	粮田	62.2	0.694	15.6	194.4	12.61	7.7	1.39	1.44	5.5	7.8
东红山	粮田	63.7	0.804	11.6	122.6	11.74	8.1	1.75	1.32	6.6	5.3
张伍堡	粮田	65.2	1.875	20.0	110.9	11.65	7.8	1.72	1.17	4.6	7.3
西红山	粮田	71.3	0.724	31.7	100.9	12.52	7.9	1.66	1.22	5.9	5.9
八家	粮田	57.6	0.593	16.8	112.6	13.92	8.0	1.77	0.80	6.6	8.1
东沟	粮田	63.4	0.759	21.6	101.6	15.69	7.9	1.56	0.90	5.6	7.2
西二道河	粮田	75.1	0.687	22.2	108.9	11.09	8.0	1.23	0.69	6.4	6.2
窑湾	粮田	69.7	0.964	19.9	144.3	13.62	7.7	1.31	0.64	7.4	7.8
老银庄	粮田	68.2	0.712	12.9	107.6	16.03	7.8	1.05	1.45	7.0	8.0
冯家庙	粮田	66.7	0.667	11.0	151.0	14.97	8.1	1.91	2.07	7.5	7.2
孟家窑	粮田	64.3	0.846	15.0	127.6	18.09	8.0	1.16	1.55	7.9	9.4
曹碾	粮田	64.3	0.690	17.6	138.2	15.46	7.9	1.55	1.11	6.8	6.8
箭杆岭	粮田	61.9	0.480	18.3	147.7	17.76	8.1	1.79	0.87	4.8	6.8
莲花滩	粮田	61.9	0.783	18.4	167.6	16.39	7.9	1.22	1.33	12.5	8.3
门泉石	粮田	61.3	0.893	12.9	134.3	19.82	8.1	1.82	1.02	5.8	6.7
碓臼石	粮田	53.1	0.899	23.1	194.4	14.50	5.2	1.82	1.60	9.5	6.4
北地	粮田	63.7	0.842	17.7	134.3	15.76	8.1	1.49	1.46	8.1	7.0
西三岔	粮田	53.1	0.823	18.2	134.3	14.07	7.9	1.18	1.26	8.1	13.0
井庄镇平均值		82.0	0.873	25.6	141.1	17.26	7.9	1.60	1.64	8.7	9.4
					大庄科乡						
东二道河	粮田	56.4	1.101	16.3	104.3	16.41	7.9	1.19	1.14	7.3	11.6
台自沟	粮田	87.9	0.761	17.1	99.2	10.76	7.8	1.29	1.74	9.0	10.7
榆木沟	粮田	62.2	0.996	17.1	100.9	16.83	7.8	1.24	0.81	9.2	11.3
东太平庄	粮田	57.9	1.030	18.0	110.3	16.15	7.9	1.53	1.39	8.9	10.4
黄土梁	粮田	80.4	0.814	17.0	159.4	14.55	7.8	1.23	1.13	7.5	9.6
小庄科	粮田	52.5	0.608	23.5	93.6	10.22	7.9	1.38	1.45	9.0	9.8

续表

权属名称	农田类型	碱解氮(mg/kg)	全氮(g/kg)	有效磷(mg/kg)	速效钾(mg/kg)	有机质(g/kg)	pH值	有效铜(mg/kg)	有效锌(mg/kg)	有效铁(mg/kg)	有效锰(mg/kg)
里长沟	粮田	57.0	0.904	28.9	111.1	11.30	7.9	1.30	1.08	9.8	11.2
大庄科	粮田	54.9	0.946	24.3	160.9	18.22	8.0	1.19	0.69	7.6	9.1
汉家川河北	粮田	66.4	1.010	23.4	155.9	19.62	7.8	1.16	0.81	6.9	9.3
汉家川河南	粮田	51.5	0.689	24.8	182.6	11.13	7.7	1.23	0.93	7.0	10.0
董家沟	粮田	53.8	0.985	23.4	177.6	15.27	7.8	1.07	0.93	8.0	9.4
慈母川	粮田	52.4	0.878	24.1	109.3	12.69	8.0	1.30	0.98	8.7	11.1
沙门	粮田	51.2	0.897	17.2	159.2	19.56	8.1	1.08	0.71	8.1	9.2
景而沟	粮田	75.8	0.933	33.3	204.5	19.06	7.9	1.24	1.63	9.9	9.1
沙塘沟	粮田	91.6	0.883	27.0	187.6	13.85	7.7	1.23	0.94	10.2	11.6
霹破石	粮田	49.4	0.995	20.9	106.0	10.41	7.9	1.31	0.74	10.7	11.2
铁炉	粮田	59.1	1.023	25.2	187.8	13.57	8.0	1.53	1.73	9.1	14.1
西沙梁	粮田	55.5	1.077	35.5	156.0	18.22	8.0	1.42	1.41	10.6	9.9
瓦庙	粮田	54.0	0.897	19.9	122.7	10.04	8.0	1.12	0.60	6.9	8.7
车岭	粮田	57.9	0.811	41.9	182.6	12.39	7.7	1.15	0.71	7.9	9.5
松树沟	粮田	57.6	0.978	16.0	204.5	11.76	7.9	1.16	0.98	6.2	12.3
暖水面	粮田	56.4	0.926	15.8	144.4	15.01	7.8	1.10	0.83	10.0	7.1
水泉沟	粮田	56.7	0.871	18.8	99.3	14.57	8.1	1.31	0.43	8.9	5.5
旺泉沟	粮田	73.1	0.998	27.6	219.6	16.06	7.8	1.47	1.41	10.4	6.4
龙泉峪	粮田	54.0	0.922	26.1	116.0	12.63	7.9	1.19	0.90	9.8	9.3
香屯	粮田	57.6	0.610	44.1	141.0	15.15	7.8	2.49	1.39	10.7	15.1
东三岔	粮田	48.5	1.065	23.2	116.0	13.13	7.9	2.04	1.47	8.5	8.4
解字石	粮田	57.6	0.937	55.9	117.6	18.99	7.9	1.38	1.02	14.0	11.1
东王庄	粮田	78.8	0.830	24.9	169.6	19.14	7.9	1.51	1.66	11.5	14.4
大庄科乡平均值		61.0	0.909	25.2	144.8	14.71	7.9	1.34	1.09	9.0	10.2
					刘斌堡乡						
刘斌堡	粮田	47.9	0.934	15.1	186.0	12.37	7.9	1.86	0.92	5.7	8.1
	葡萄	141.4	1.040	13.4	132.0	20.97	8.1	1.97	1.24	6.5	8.6
大观头	粮田	50.0	0.639	10.4	172.6	10.82	7.9	1.85	1.13	5.8	10.6
周四沟	粮田	63.7	0.859	11.4	196.0	13.77	7.0	1.81	1.00	9.9	11.4
红果寺	粮田	77.0	0.807	11.5	212.7	17.97	7.8	1.44	0.81	6.2	8.4
上虎叫	粮田	68.2	0.869	15.4	192.6	15.48	7.8	1.67	0.93	3.8	6.5
下虎叫	粮田	74.3	0.852	11.0	206.0	13.12	7.8	1.50	0.93	2.4	5.2
营盘	粮田	59.1	0.779	24.5	159.2	11.45	7.8	1.83	1.27	4.2	9.2

续表

权属名称	农田类型	碱解氮(mg/kg)	全氮(g/kg)	有效磷(mg/kg)	速效钾(mg/kg)	有机质(g/kg)	pH值	有效铜(mg/kg)	有效锌(mg/kg)	有效铁(mg/kg)	有效锰(mg/kg)
营东沟	粮田	74.3	0.797	14.0	164.3	20.76	8.0	2.00	1.26	5.1	10.7
马道梁	粮田	57.6	0.799	19.6	135.9	12.90	8.1	1.96	1.28	4.1	10.8
山西沟	粮田	45.9	0.730	11.6	306.2	10.88	8.1	1.41	0.75	2.8	6.7
山东沟	粮田	59.1	0.648	26.7	217.7	15.13	7.9	2.11	0.64	3.0	6.2
山南沟	粮田	73.4	0.855	45.8	298.9	20.37	7.8	2.19	1.45	7.8	12.8
小观头	粮田	53.1	0.864	13.8	145.9	9.56	8.0	2.05	0.50	5.1	9.8
观西沟	粮田	74.9	1.001	45.0	132.5	12.82	7.9	2.00	1.55	5.5	10.5
姚官岭	粮田	63.7	0.711	26.7	144.2	11.43	8.2	1.72	1.20	5.3	8.7
小吉祥	粮田	73.4	0.818	26.0	162.6	18.96	8.1	2.09	1.50	8.4	9.9
刘斌堡乡平均值		68.1	0.824	20.1	186.2	14.63	7.9	1.85	1.08	5.4	9.1
					香营乡						
屈家窑	粮田	66.7	0.933	21.0	129.3	16.30	8.0	1.10	1.25	6.9	8.5
	葡萄	167.7	0.605	12.7	106.0	29.97	8.6	1.03	1.53	9.5	7.8
黑峪口	粮田	59.1	1.039	16.1	156.0	15.18	8.1	1.02	0.97	5.4	6.8
	葡萄	120.6	1.333	99.1	190.0	23.51	8.2	1.23	1.04	5.9	7.3
上垙	粮田	53.1	1.078	11.7	209.5	12.97	8.2	0.99	1.34	6.7	8.6
	葡萄	104.0	1.293	24.3	196.0	19.67	8.2	1.23	1.24	6.1	7.2
下垙	粮田	56.1	0.715	29.7	155.9	11.95	8.0	1.29	1.03	6.7	7.6
	葡萄	104.0	1.368	6.0	216.0	22.45	7.2	1.34	0.89	6.9	5.9
山底下	粮田	75.6	0.622	18.5	146.0	16.25	8.0	0.76	1.52	4.7	3.3
东白庙	粮田	73.4	0.677	22.9	196.9	18.00	6.1	0.84	1.29	4.9	3.0
	葡萄	191.3	1.045	28.1	126.0	15.17	5.9	0.98	1.39	5.8	4.5
孟官屯	粮田	71.9	0.758	32.6	159.4	21.68	6.5	0.86	0.99	6.3	6.3
	葡萄	164.9	1.182	15.0	122.0	29.57	7.9	0.97	1.04	6.9	7.2
小堡	粮田	75.8	0.989	10.0	169.4	16.34	8.1	0.82	1.31	5.1	3.8
	葡萄	167.7	1.125	13.9	116.0	26.99	8.5	0.98	1.36	5.9	6.5
香营	粮田	74.8	0.767	29.0	126.0	20.23	8.2	0.80	0.95	5.0	3.4
	菜田	194.0	1.977	101.3	326.0	57.18	7.9	1.35	7.18	18.6	15.8
	葡萄	189.9	1.218	100.6	250.0	19.75	7.6	0.98	1.06	6.8	4.6
新庄堡	粮田	51.6	0.866	16.7	127.6	15.84	8.3	0.81	1.73	5.3	3.4
	葡萄	187.1	1.039	14.2	122.0	26.81	8.9	0.97	1.79	6.8	6.7
后所屯	粮田	71.9	0.891	17.3	135.9	12.73	8.3	0.87	1.44	4.9	3.0
	葡萄	124.7	1.000	36.0	384.0	36.27	8.2	0.98	1.34	6.7	4.1

续表

权属名称	农田类型	碱解氮(mg/kg)	全氮(g/kg)	有效磷(mg/kg)	速效钾(mg/kg)	有机质(g/kg)	pH值	有效铜(mg/kg)	有效锌(mg/kg)	有效铁(mg/kg)	有效锰(mg/kg)
里仁堡	粮田	63.7	1.005	19.5	119.3	18.41	8.0	1.11	1.31	7.4	7.5
	葡萄	99.8	0.647	9.0	108.0	34.00	8.4	1.34	1.65	7.2	6.9
聂庄	粮田	68.2	0.651	16.9	109.3	17.58	8.1	1.30	1.70	7.5	5.0
	葡萄	66.5	0.928	71.1	200.0	52.03	8.5	1.36	1.34	8.5	6.8
庄科	粮田	63.7	1.180	14.6	109.3	21.96	7.8	1.19	0.47	6.6	3.7
高家窑	粮田	63.7	0.905	16.9	146.0	12.72	8.0	0.59	0.29	5.6	2.7
小川	粮田	36.4	0.838	17.0	122.7	12.96	8.1	0.85	0.26	7.7	4.7
八道河	粮田	51.6	0.974	20.5	117.6	13.01	8.2	0.88	0.99	4.9	3.0
南窑	粮田	62.2	0.769	20.8	126.0	16.29	8.0	1.04	0.96	5.4	3.7
三道沟	粮田	78.8	0.734	12.7	189.5	21.01	8.0	1.15	1.24	6.2	6.2
东边	粮田	54.6	0.624	13.1	169.4	16.06	7.6	1.37	1.12	7.4	7.3
香营乡平均值		95.6	0.963	27.5	163.1	21.84	7.9	1.04	1.36	6.7	5.8
					珍珠泉乡						
珍珠泉	粮田	70.9	1.828	31.7	205.1	15.47	8.0	1.52	1.10	10.7	8.9
称沟湾	粮田	78.5	1.162	16.4	200.9	16.44	8.1	1.52	1.23	9.8	8.5
庙梁	粮田	78.5	0.666	8.9	71.0	17.56	7.9	1.71	0.71	12.6	8.7
下水沟	粮田	70.9	1.011	14.7	189.6	15.22	8.2	1.23	1.25	5.6	9.0
上水沟	粮田	63.4	0.678	7.0	172.2	8.93	8.2	1.95	1.20	8.0	9.1
下花楼	粮田	90.6	0.919	17.2	157.0	16.41	7.9	1.24	1.15	11.9	9.1
八亩地	粮田	81.5	1.043	9.0	84.5	14.27	8.1	1.85	1.26	8.1	6.5
转山子	粮田	75.5	0.954	13.6	202.5	12.57	8.1	1.56	1.26	10.4	5.6
水泉子	粮田	95.1	1.034	9.8	133.4	15.24	8.2	1.78	1.15	9.0	9.5
双金草	粮田	67.9	1.206	19.3	77.4	17.53	8.2	1.93	1.52	11.3	7.6
小川	粮田	69.4	1.006	15.8	177.2	12.36	8.3	1.32	1.47	9.0	8.5
小铺	粮田	51.3	1.224	21.3	87.8	18.25	7.7	1.25	1.85	12.4	8.9
仓米道	粮田	77.0	0.782	24.6	94.6	11.27	8.3	1.59	1.83	8.7	7.6
南天门	粮田	90.6	0.732	21.6	146.9	10.37	8.4	1.68	1.74	6.4	8.7
桃条沟	粮田	84.5	0.998	11.3	86.2	16.55	8.4	1.89	1.24	8.0	8.6
珍珠泉乡平均值		76.4	1.016	16.1	139.1	14.56	8.1	1.60	1.33	9.4	8.3